U0196459

编 委 会

高职高专项目导向系列教材

精细化学品合成应用技术

孙伟民　主编

化学工业出版社

·北京·

本教材主要内容分为九个教学情境。教学情境一介绍精细化学品及精细化学品的特性，精细化学品生产（合成）的基本理论知识、典型生产过程及精细化学品合成主要岗位的工作任务；教学情境二～九，共选择了八个典型精细化学品，包括清净剂磺酸盐的生产、硝基苯的合成、甲基叔丁基醚的生产、苯胺的合成、邻苯二甲酸酐的生产、邻苯二甲酸二丁酯的生产、农药 2,4-D 的合成、偶氮染料活性黑KN-B 的合成，以产品的生产（合成）过程为主线，阐述了每种产品的性能、用途及岗位生产技术等。

　　本教材题材新颖，实践操作性强，注重学生实践技能的培养与训练，体现了以任务驱动、项目导向的"教、学、做"一体化的教学改革模式，实现了课程内容与国家职业标准相衔接。

　　本书可作为高职高专化工技术类和精细化学品生产技术以及相关专业教材，也可供从事精细化工生产的工程技术人员参阅。

图书在版编目（CIP）数据

　　精细化学品合成应用技术/孙伟民主编. —北京：化学工业出版社，2012.8
　　高职高专项目导向系列教材
　　ISBN 978-7-122-14941-1

　　Ⅰ.①精⋯　Ⅱ.①孙⋯　Ⅲ.①精细化工-化工产品-化学合成-高等职业教育-教材　Ⅳ.①TQ072

　　中国版本图书馆 CIP 数据核字（2012）第 166579 号

责任编辑：张双进　窦　臻　　　　　　　文字编辑：刘砚哲
责任校对：王素芹　　　　　　　　　　　装帧设计：刘丽华

出版发行：化学工业出版社（北京市东城区青年湖南街 13 号　邮政编码 100011）
印　　装：大厂聚鑫印刷有限责任公司
787mm×1092mm　1/16　印张 7　字数 162 千字　2012 年 10 月北京第 1 版第 1 次印刷

购书咨询：010-64518888（传真：010-64519686）　售后服务：010-64518899
网　　址：http://www.cip.com.cn
凡购买本书，如有缺损质量问题，本社销售中心负责调换。

定　　价：22.00 元

序

辽宁石化职业技术学院是于 2002 年经辽宁省政府审批，辽宁省教育厅与中国石油锦州石化公司联合创办的与石化产业紧密对接的独立高职院校，2010 年被确定为首批"国家骨干高职立项建设学校"。多年来，学院深入探索教育教学改革，不断创新人才培养模式。

2007 年，以于雷教授《高等职业教育工学结合人才培养模式理论与实践》报告为引领，学院正式启动工学结合教学改革，评选出 10 名工学结合教学改革能手，奠定了项目化教材建设的人才基础。

2008 年，制定 7 个专业工学结合人才培养方案，确立 21 门工学结合改革课程，建设 13 门特色校本教材，完成了项目化教材建设的初步探索。

2009 年，伴随辽宁省示范校建设，依托校企合作体制机制优势，多元化投资建成特色产学研实训基地，提供了项目化教材内容实施的环境保障。

2010 年，以戴士弘教授《高职课程的能力本位项目化改造》报告为切入点，广大教师进一步解放思想、更新观念，全面进行项目化课程改造，确立了项目化教材建设的指导理念。

2011 年，围绕国家骨干校建设，学院聘请李学锋教授对教师系统培训"基于工作过程系统化的高职课程开发理论"，校企专家共同构建工学结合课程体系，骨干校各重点建设专业分别形成了符合各自实际、突出各自特色的人才培养模式，并全面开展专业核心课程和带动课程的项目导向教材建设工作。

学院整体规划建设的"项目导向系列教材"包括骨干校 5 个重点建设专业（石油化工生产技术、炼油技术、化工设备维修技术、生产过程自动化技术、工业分析与检验）的专业标准与课程标准，以及 52 门课程的项目导向教材。该系列教材体现了当前高等职业教育先进的教育理念，具体体现在以下几点：

在整体设计上，摈弃了学科本位的学术理论中心设计，采用了社会本位的岗位工作任务流程中心设计，保证了教材的职业性；

在内容编排上，以对行业、企业、岗位的调研为基础，以对职业岗位群的责任、任务、工作流程分析为依据，以实际操作的工作任务为载体组织内容，增加了社会需要的新工艺、新技术、新规范、新理念，保证了教材的实用性；

在教学实施上，以学生的能力发展为本位，以实训条件和网络课程资源为手段，融教、学、做为一体，实现了基础理论、职业素质、操作能力同步，保证了教材的有效性；

在课堂评价上，着重过程性评价，弱化终结性评价，把评价作为提升再学习效能的反馈工具，保证了教材的科学性。

目前，该系列校本教材经过校内应用已收到了满意的教学效果，并已应用到企业员工培训工作中，受到了企业工程技术人员的高度评价，希望能够正式出版。根据他们的建议及实际使用效果，学院组织任课教师、企业专家和出版社编辑，对教材内容和形式再次进行了论证、修改和完善，予以整体立项出版，既是对我院几年来教育教学改革成果的一次总结，也希望能够对兄弟院校的教学改革和行业企业的员工培训有所助益。

感谢长期以来关心和支持我院教育教学改革的各位专家与同仁，感谢全体教职员工的辛勤工作，感谢化学工业出版社的大力支持。欢迎大家对我们的教学改革和本次出版的系列教材提出宝贵意见，以便持续改进。

辽宁石化职业技术学院　院长

2012 年春于锦州

前言

本书的编写主要是为了适应高职以任务驱动、项目导向的"教、学、做"一体化的教学改革趋势，整合"精细有机合成技术"、"精细化学品合成综合实训"、"精细化工装置仿真实训"等相关的学习内容，重新构成"精细化学品合成应用技术"课程。以典型产品（如清净剂磺酸盐、邻苯二甲酸二丁酯、苯胺、农药 2,4-D 的合成、偶氮染料活性黑 KN-B 的合成等）为导向，根据有机合成工、化工添加剂制造工等岗位（群）职业能力的要求，采用"小型生产进课堂"、"大型生产进工厂"的真实工作任务，整个学习过程知识和能力训练安排体现渐进性，实现任务由模拟到真实的岗位推进过程；突出教学在校内教学工厂与校外实习基地真实工厂交替进行，过程考核与职业技能鉴定标准相融通的模式。本教材以教学任务的形式编写，每一个任务是一个独立的模块，实际教学中可以灵活安排。

本书按照任务介绍、任务分析、相关知识、任务实施、归纳总结、综合评价、任务拓展等项目化课程体例格式编写，表现形式多样化，做到了图文并茂、直观易读。

本书教学情境一、四、六、七由辽宁石化职业技术学院孙伟民编写；教学情境二由辽宁石化职业技术学院史航编写；教学情境三、五由辽宁石化职业技术学院赵明睿编写；教学情境八、九由辽宁石化职业技术学院杨连成编写；全书由孙伟民统稿。

本书在编写过程中，得到了锦州石化公司工程技术人员的大力支持，在此表示感谢！

由于编者的水平有限，难免存在不妥之处，敬请大家批评指正。

编　者

2012 年 5 月

目录

认识精细化学品生产过程

任务一　认识精细化学品

化学工业与国民经济各个领域以及人民的日常生活密切相关，按化学品的应用特点，分为通用化学品和精细化学品。

【任务介绍】

某精细化学品销售公司销售部新分配来一名高职毕业生，从事化工产品的销售工作，为了能够针对不同精细化工企业进行产品销售，在销售部长的指导下学习精细化工产品的类别、特性等知识，熟悉精细化工产品的类别和特性后上岗，开展精细化工产品的销售工作。

具体任务：

① 了解我国及其他国家对化工产品精细化学品类别的规定，以及精细化学品的定义；

② 了解精细化学品的特性；

③ 能在众多化学品中区分出通用化学品和精细化学品；

④ 能了解不同精细化学品的应用范围。

【任务分析】

由于精细化学品的类别很多，各个国家关于精细化学品的称呼也不同，在我国和日本统称为精细化学品，而在欧美国家则称为精细化学品和专用化学品。我国关于精细化学品的提出较其他发达国家晚，本次学习任务主要学习我国对精细化学品的定义和分类，以及精细化学品生产过程和使用中有哪些特性。

【相关知识】

一、通用化学品和精细化学品

1. 通用化学品

以石油、天然气、煤、矿物质和生物质等天然物质为原料，通过经初级加工得到的结构比较简单的大吨位、附加值率低、应用范围广的化工产品。如合成氨、酸、碱等无机物和"三苯"、"三烯"、"一炔"、"一萘"，以及醇、酮、醛、有机酸、酯等有机物。一些通用化学品生产装置如图1-1所示。

2. 精细化学品

以通用化学品为起始原料，通过多种化学反应等加工手段，合成结构比较复杂、具有特定用途的化学品或具有某种用途的中间体，这类化学品具有专用性强、品种多、产量较小、技术含量高、产品附加价值高等特点。如酚醛树脂分子结构（图1-2）酚醛树脂涂料、氯丁

常减压装置 乙烯装置 合成氨装置

图 1-1 通用化学品生产装置

线性酚醛树脂

体型酚醛树脂

图 1-2 酚醛树脂分子结构

黏合剂、重整预加氢催化剂、十二烷基苯磺酸钠等（图 1-3）。

二、精细化学品的定义及分类

1. 精细化学品定义

世界各国对精细化学品的定义都有各自的释义，尚无统一、确切、公认的科学定义。目前在精细化工领域，精细化学品一般是指经深度加工的，具有功能性或最终使用性的，品种多、产量小、附加价值高的一大类化工产品。

"深度加工"，是指精细化学品的生产工艺复杂，技术含量高。精细化工属技术密集型行业，而且行业技术不断地改进、发展，大量工艺配方通过专利保护，甚至造成产品市场的垄断。

酚醛树脂涂料　　　　　　　氯丁黏合剂

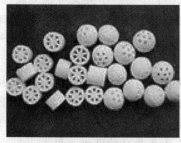
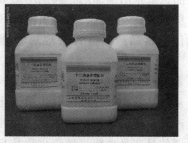

重整预加氢催化剂　　　　　十二烷基苯磺酸钠

图 1-3　精细化学品展示

"具有功能性"，通常是指精细化学品作为助剂加入产品中通过物理、化学或生物作用，而使得产品本身或使用中产生某种功能或效果。如皮革制品中加入光亮剂使得皮革制品外观光泽亮丽。

"最终使用性"，是指精细化学品不需再加工可直接使用，如维生素 B_{12}、维生素 D、维生素 E、维生素 C 均可通过合成获得最终可直接服用的药品。

"品种多、产量小"，每种精细化学品都是针对不同产品或功能，具有一定的使用范围，而且通常用量比例不大，因此不可能大规模生产。加之精细化学品在新品种、新剂型、新配方的开发和创新方面发展较快，新的替代性或改进型品种不断涌现。

"附加价值高"，是指精细化学品技术含量高，产品原料成本低，功效显著，产量有限，其产品的市场定价通常较高，但由于"小剂量具有大作用"的特点，能被市场所接受，因此使得精细化学品本身利润空间大。另外，将某种精细化学品添加到产品中使得产品由于功效的大幅改进或具备其他功能而使其价值大幅提高。

一般来说，精细化学品应具备如下特点：

① 品种多，产量小，主要以其功能进行交易；

② 多数采用间歇生产方式；

③ 技术要求比较高，质量指标高；

④ 生产占地面积小，一般中小型企业即可生产；

⑤ 整个产品产值中原材料费用所占的比重较低，商品性较强；

⑥ 直接用于工农业、军工、宇航、人民生活和健康等方面，重视技术服务；

⑦ 投资小，见效快，利润率高；

⑧ 技术密集性高，竞争激烈。

2. 精细化学品的分类

世界上每个国家关于精细化学品的分类均有一些差别，我国原化学工业部20世纪八十年代颁布的《关于精细化工产品的分类的暂行规定和有关事项的通知》中明确规定，中国精细化工产品包括11个产品类别，分别是：农药、染料、涂料（包括油漆和油墨）、颜料、试剂和高纯物、信息用化学品、食品和饲料添加剂、黏合剂、催化剂和各种助剂、化学药品（原料药）和日用化学品、功能高分子材料（包括功能膜、偏光材料等）。

以上11个类别中每一类别又分为许多小类。以催化剂和各种助剂为例，它又分为：催化剂、印染助剂、塑料助剂、橡胶助剂、水处理剂、纤维抽丝用油剂、有机提取剂、高分子聚合物添加剂、机械和冶金用助剂、油品添加剂、炭黑（橡胶制品补强剂、吸附剂）、电子工业专用化学品、纸张用添加剂、其他助剂等20个小类。小类又可细分，比如，塑料助剂包括增塑剂、稳定剂、发泡剂、塑料用阻燃剂等。这些分类并未包含我国精细化学品的所有内容，不包括国家食品药品监督管理局管理的药品、化妆品，轻工总会所管理的香精香料等。

中国和日本所称的精细化学品，在欧美国家大多将其分为精细化学品和专用化学品，其依据更侧重于从产品的功能性来区分。精细化学品是按其分子的化学组成（即作为化合物）来销售的小量产品，强调的是产品的规格和纯度，专用化学品则是根据它们的功能来销售的小量产品，强调的是产品功能。精细化学品与专用化学品的区别，见表1-1。

表 1-1　精细化学品与专用化学品的区别

精 细 化 学 品	专 用 化 学 品
单一化合物，可以用化学式表示其成分	很少为单一化合物，是复合物或配方物，不能用化学式表示
非最终使用性产品，用途广	加工度高，最终使用性产品，用途窄
用一种方法或类似的方法制造，不同厂家的产品基本上没有差别	各厂家互不相同，产品有差别，甚至完全不同
按其所含的化学成分来销售	按其功能销售
生命周期相对较长	生命周期短，产品更新快
生产资料广泛，可解密的专利	附加值高、利润率高、技术秘密性更强，依靠专利保护对技术诀窍严加保密，新产品的生产完全依靠本企业的技术开发

精细化学品与非精细化学品在某些情况下并无明显的界限。例如，一些磷酸盐在作为食品添加剂或阻燃剂使用时，属于精细化学品，而它们在农业上主要作为肥料；又如医用水杨酸和食品添加剂用的苯甲酸属于精细化学品，而它们用作化工原料时属于基本有机产品；再如某些试剂和高纯物属于精细化学品，仅含有较多杂质的同种产品则往往属于普通的化工原料。

精细化工目前仍处于发展阶段，由于各个国家的科技、生产、生活水平不同，经济体制和结构差别更大，对精细化工涉及的范围和分类也不可能相同。

三、精细化学品的产品特性

1. 精细化学品的研究与开发特性

精细化学品具有知识密集度高，研究与开发难度大，技术和产品更新快，质量要求高等。精细化工过程开发的一般步骤见图1-4。

2. 精细化学品的生产特性

精细化学品的生产采用综合生产流程和多功能生产装置，除合成具有特殊结构的化学品外，还有通过复配方式生产具有特殊功能的复合型化学品，根据精细化学品的使用方式还采

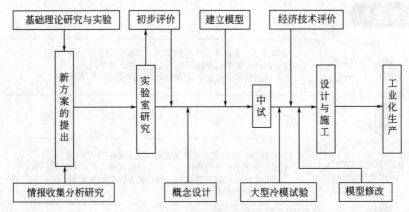

图 1-4　精细化工过程开发的一般步骤

用制剂技术，同时还要使产品达到商品标准化的加工方法。某种多用途装备系统及无管路化工厂如图 1-5 所示。

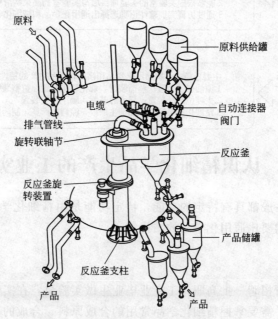

图 1-5　多用途装备系统及无管路化工厂

3. 精细化学品的商品特性

精细化学品作为人们使用的最终化学品也就具有了市场化的特性，如产品的应用服务和技术服务，市场垄断性和排他性等。

4. 精细化学品的经济特性

精细化学品具有利润率高，投资效率高的特点，有资料表明 100 美元的石化原料经过加工，得到的精细化学品的价值可以达到 1.06 万美元，见表 1-2。

表 1-2　石化原料加工后产品的产值

化学品 类别	石油化工 原料	初级 化学品	有机中间体 及最终产品	合成材料、清洗剂、 化妆品等	家庭耐用品、 纺织品
价值/美元	100	200	560	1340	10600

【任务实施】

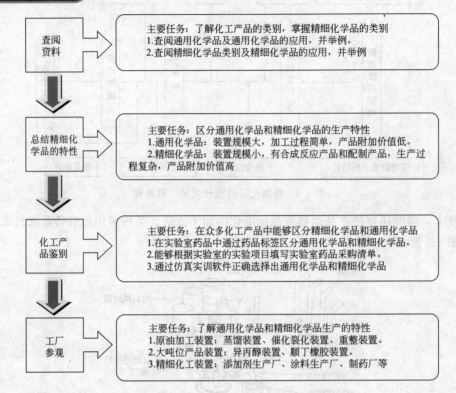

查阅资料	主要任务：了解化工产品的类别，掌握精细化学品的类别 1.查阅通用化学品及通用化学品的应用，并举例。 2.查阅精细化学品类别及精细化学品的应用，并举例
总结精细化学品的特性	主要任务：区分通用化学品和精细化学品的生产特性 1.通用化学品：装置规模大，加工过程简单，产品附加价值低。 2.精细化学品：装置规模小，有合成反应产品和配制产品，生产过程复杂，产品附加价值高
化工产品鉴别	主要任务：在众多化工产品中能够区分精细化学品和通用化学品 1.在实验室药品中通过药品标签区分通用化学品和精细化学品。 2.能够根据实验室的实验项目填写实验室药品采购清单。 3.通过仿真实训软件正确选择出通用化学品和精细化学品
工厂参观	主要任务：了解通用化学品和精细化学品生产的特性 1.原油加工装置：蒸馏装置、催化裂化装置、重整装置。 2.大吨位产品装置：异丙醇装置、顺丁橡胶装置。 3.精细化工装置：添加剂生产厂、涂料生产厂、制药厂等

任务二 认识精细化学品生产的工业实施方法

由于精细化学品一般都具有特定的功能，特定功能是由精细化学品的特定结构决定的，因此精细化学品的结构要比通用化学品的结构复杂。

【任务介绍】

某精细化工研究所招聘一批高职化工专业毕业生做实验员，在实验室主管的带领下开展精细化学品合成工作，需要掌握精细化学品常用的合成原料、合成的基本方法，能够正确选择合成路线，会使用精细化学品工业合成中涉及的原料、试剂、催化剂、溶剂等，认识常用的合成设备，即各种类型的反应器。

具体任务：

① 了解合成反应所学的原料以及原料和产品之间的关系；

② 了解精细化学品合成反应的类型；

③ 学习合成反应相关的计算；

④ 能够根据反应的特点选择反应设备；

⑤ 能选择精细化学品合成路线并对合成路线进行评价。

【任务分析】

精细化学品的合成是通过合成反应完成的，即使是配方产品也是先进行合成后再进行复配的，因此合成反应是精细化学品生产中关键生产过程。合成反应底物和反应试剂发生反应，在底物上引入官能团形成新的结构，反应的影响因素除了与底物和反应试剂的性质外还与溶剂、催化剂以及反应条件有关，例如洗衣粉是典型的精细化工配方产品，其主要成分十二烷基苯磺酸钠就是通过通用化学品合成后得到的。以此为例，学习合成反应的类型、常用的反应设备、合成路线的评价和合成反应的相关计算等。

【相关知识】

一、精细有机合成单元反应

精细化学品的生产全过程包括化学合成、剂型加工和商品化等。其中化学合成是精细化学品合成的重要步骤。

有机合成反应是利用化学方法，将单质、简单的无机物或有机物原料，合成结构比较复杂、性能比较优越的有机物的过程。有机合成也是运用各类化学反应及其组合，应用新方法、新技术以及合成策略，获得目标产物的过程。有机合成不仅开发和生产各种有机化学产品，而且在科学研究上有重要的意义。

1. 分子骨架与官能团

有机合成的任务是改变有机物分子骨架，进行官能团的导入、消除或改变。

（1）有机物分子骨架

精细化学品的结构主要是由有机物分子骨架决定的。根据碳原子骨架，有机物的结构可分为链状和环状化合物。链状分子是碳原子连接成直链（或含有支链）结构；环状分子是由碳原子相互连接形成的一个或多个环状结构。

环状化合物分芳香族、脂肪族和杂环化合物。芳香族分子具有苯环结构，脂肪族分子不含苯环，杂环化合物分子中含有氧、硫、氮等杂原子。脂肪烃主要是指烷烃、烯烃、炔烃及环状脂肪化合物。芳香烃类化合物主要是含有苯环的化合物，如苯、甲苯、乙苯、异丙苯等。

（2）官能团

有机合成的主要任务是在骨架分子上引入一个或多个官能团，有机化合物的性质取决于骨架上官能团的种类、数目和位置等。常见的官能团及其代表化合物见表1-3。

表1-3　常见有机化合物官能团及其代表化合物

官能团	代表化合物	官能团	代表化合物	官能团	代表化合物
碳碳双键	丙烯	醇羟基	甲醇、乙醇	磺酸基	十二烷基苯磺酸
碳碳三键	乙炔	羰基	乙醛、丙酮	氨基	苯胺、氨基乙酸
烷基	异丙苯	酚羟基	苯酚	酰基	乙酰乙酸乙酯
羧基	乙酸	卤基	氯乙酸、氯苯	硝基	硝基苯

对于芳烃上已有官能团，影响苯环上新取代基进入的位置，$-NO_2$、$-SO_3H$ 等具有间位定位作用；$-OH$、$-CHO$、$-NH_2$ 等具有邻、对位定位作用。邻、对位定位基和间位定位基见表1-4。

2. 反应试剂

在合成反应中，骨架化合物可以看做是底物或称为作用物，另一种化合物则视为反应试剂。发生的化学反应通常是在反应试剂的作用下，底物分子发生共价键断裂，然后与试剂生成新键，生成新的化合物。反应试剂有离子型试剂、自由基试剂、元素有机化合物等。

表 1-4 芳环上的邻、对位定位基和间位定位基

定位效应	强度	取代基	综合性质
邻、对位定位	最强	$-O^-$	活化
	强	$-NR$、$-NHR$、$-NH_2$、$-OH$、$-OR$	
	中	$-OCOR$、$-NHCOR$、$-NHCHO$	
	弱	$-CH_3$	
		$-C_2H_5$、$-CH(CH_3)_2$、$-CR_3$	
	弱	$-CH_2Cl$、$-CH_2CN$	活化或钝化
		$-CH=CHCOOH$、$-CH=CHNO_2$	
		$-F$、$-Cl$、$-Br$、$-I$	
间位定位	强	$-COR$、$-CHO$、$-COOR$、$-CONH_2$	钝化
		$-COOH$、$-SO_3H$、$-CN$、$-NO_2$	
		$-CF_3$、$-CCl_3$	
	最强	$-NH_3^+$、$-NR_3^+$	

反应试剂可以是有机化合物,如卤代烷、烯烃、醇、酚、醚、醛、酮、胺、羧酸及其衍生物等;或金属有机化合物、元素有机化合物;也可以是无机物,如卤素或卤化氢、硫酸及其盐、硝酸及其盐、碳酸及其盐、氢氧化钠、硫化钠等。

3. 溶剂

溶剂是有机合成反应不可或缺的物料,溶剂不仅影响合成反应的效率,还关系着工艺的复杂性和生产的成本。

溶剂的作用主要表现在溶解底物和反应试剂,使反应体系具有良好的流动性,有利于质量和热量传递,便于有机合成反应的操作和控制。溶剂能改变反应效率,抑制副反应,影响反应历程、反应方向和立体化学。

可作为溶剂的物质很多,根据溶剂是否具有极性和能否给出质子,分为极性质子溶剂、极性非质子溶剂、非极性质子溶剂和非极性非质子溶剂。见表 1-5。

表 1-5 溶剂的分类

项 目	质子溶剂	非质子溶剂
极性	水 甲酸 甲醇 乙醇 异丙醇 正丁醇 乙二醇	乙腈 二甲基甲酰胺 丙酮 硝基苯 六甲基邻酰三胺 二甲基亚砜 环丁砜
非极性	异戊醇 叔丁醇 苯甲醇 仲戊醇 乙二醇单丁酯	乙二醇二甲酸 乙酸乙酯 乙醚 苯 环己烷 正己烷

在有机合成反应中溶剂的选择一般要考虑以下因素:

① 溶剂与反应物和反应产物不发生化学反应,不降低催化剂活性,溶剂本身在反应条件下和后处理条件下是稳定的;

② 溶剂对反应物有较好的溶解性，或者使反应物在溶剂中能良好地分散；

③ 溶剂容易从反应体系中回收，损失少，不影响产品质量；

④ 溶剂应尽可能不需要太高的技术安全措施；

⑤ 溶剂的毒性小、含溶剂废水容易治理；

⑥ 溶剂的价格便宜、供应方便。

4. 催化剂

催化是现代化学合成的重要手段之一，催化剂可提高反应速率和选择性、改进合成条件、开发新的反应过程、减少或消除污染、减低能耗。

催化剂的基本特征如下：

① 参与反应，改变反应途径，反应前后性质和数量不发生变化；

② 不改变化学平衡状态，能缩短反应达到平衡的时间；

③ 特定选择性，性质不同的催化剂，只加速特定反应；

④ 不同催化剂，所需要的条件不同。

催化剂按其状态分，有液体催化剂和固体催化剂；按使用条件下的物态分，有金属催化剂、氧化物催化剂、硫化物催化剂、酸或碱催化剂、配位催化剂、生物酶催化剂；按在有机合成中的应用分，有氧化、脱氢、加氢、裂化、聚合、烷基化、酰基化、卤化、羰基化、水合等催化剂；按催化反应体系分，有均相催化剂和非均相催化剂。

合成不同的精细化学品时，可以根据原料的来源以及合成路线的设计需求，除需要采用多个单元反应外，同时还需要配合相应的分离、蒸馏、干燥等化工过程。我们通过学习，在掌握了单元反应的一般原理和规律后，就可以设计出不同单元反应的组合，设计出相应的合成路线，获得我们的目标产品。

二、有机合成反应类型

合成反应的反应类型，按产物类型或所用试剂，分为磺化、硝化、氧化、还原、卤化、烷基化、酰基化、羟基化、氨解、重氮化、缩合等；按反应物与产物之间的结构关系，分为加成、取代、消除、重排、氧化还原和自由基反应等；按其在合成反应中的作用，分为形成分子骨架的反应，官能团的导入、除去、转换和保护等反应。

例如：

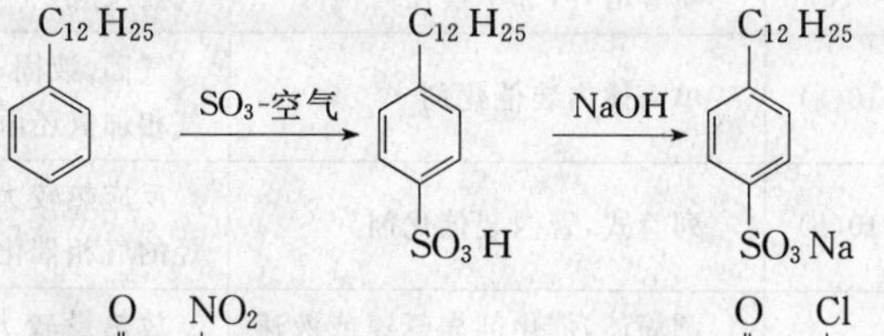

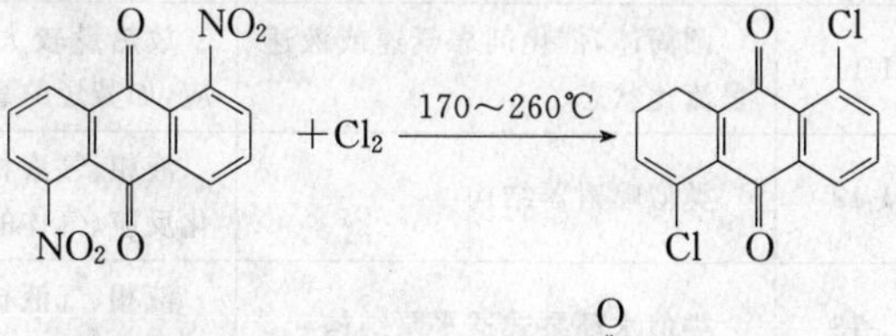

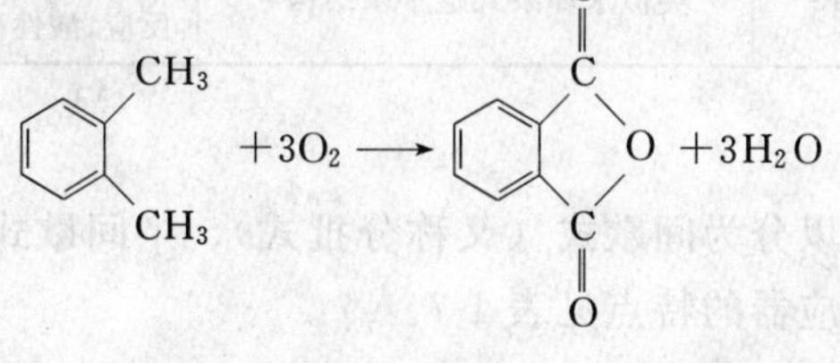

三、精细化学品工业合成设备

合成反应主要是在反应器中完成，精细化学品合成采用的反应器形式多样，可以根据各种反应器的特点、基本原理、操作特性和进行反应器选型、设计，并将反应设备进行科学的分类。

1. 按反应器几何形式分类

反应器按几何形状分类及其特点见表 1-6 及图 1-6～图 1-13。

表 1-6　反应器按几何形状分类及其特点

型　式		图　号	结构特点	使用场合及应用举例
釜式反应器	立式搅拌釜	1-6(a)	标准型，带椭圆底或折边球形底	适用于在液体介质内进行的各种反应
		1-6(b)	带锥形底	结晶型产物或需静止分层的产物
		1-6(c)	半球形底	压热反应，如氨化、水解等加压下的反应
	卧式搅拌釜	1-7(a)	卧式圆筒内设搅拌	带固体沉淀物的反应，如 β-氯蒽醌氨化
		1-7(b)	圆管形，内设钢球或磁球，筒体旋转	需要不断粉碎结块固体的场合，用于固相缩合反应等
管式反应器		1-8(a)	水平管式	气相或液相反应，如热裂解、氨化、酯化及水解等反应
		1-8(b)	垂直排管	气液相反应，带悬浮固体的液固或气液固反应，如液相催化加氢还原
		1-8(c)	环形管内设搅拌器	非均液相反应，如芳烃的硝化反应
		1-8(d)	水平管带螺旋杆搅拌器	黏稠物料与半固体物料的反应，例如固相缩合
塔式反应器		1-9(a)	圆柱形塔体内设挡板及鼓泡器	气液相反应、气液固三相反应，如芳烃液相氧化及烃化反应，硝基物加氢还原
		1-9(b)	塔内部有填充物	气相的化学吸收，苯的沸腾氯化制氯苯
		1-9(c)	塔体内部有塔板结构	气液相逆流操作的反应，要求伴随蒸馏的化学反应，如酯化反应、异丙苯氧化反应
		1-9(d)	塔体内部有搅拌装置或脉冲振动装置	气液、液液、液固等非均相反应及要求伴随萃取的化学反应，如烃类液相氧化、硝化废酸的萃取
		1-9(e)	喷雾塔，内部不设任何构件	气液反应
固定床反应器		1-10(a)	单筒体内装催化剂	气固、液固、气液固催化反应，如硝基物气相加氢还原
		1-10(b)	列管式，管内装催化剂	反应热较大的快速气固相催化反应，如芳烃的气相催化氧化
流化床反应器		1-11	圆筒体，催化剂靠气速或液速呈流化状态	放热量较大的气固相或气液固相催化反应，如芳烃的氧化、硝基物催化加氢还原
喷射反应器		1-12	类似喷射器结构	液相、气液相快速反应，例如某些中和及酯化反应、气体的化学吸收
泵式反应器		1-13	类似水环泵式透平泵结构	液相、气液相等快速反应，如烷基苯的磺化反应，酸性硝基物中和

2. 按操作方式分类

按操作方式反应器可以分为间歇式（又称分批式）、半间歇式（又称半连续式）和连续式三种。各种操作方式反应器的特点见表 1-7。

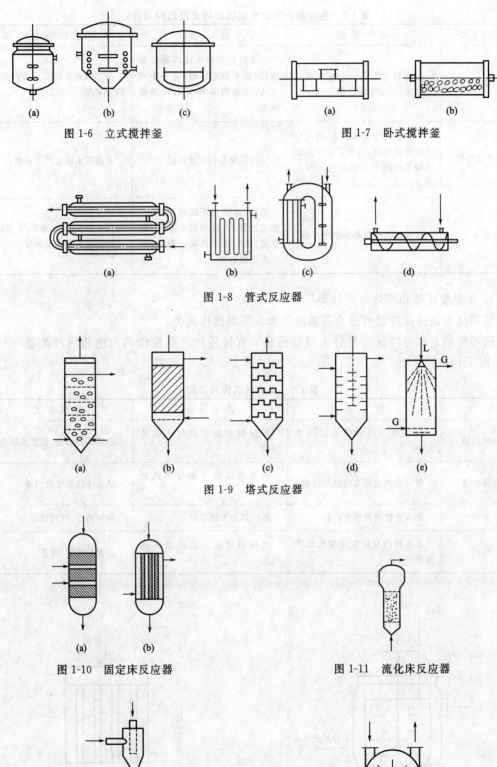

图 1-6 立式搅拌釜

图 1-7 卧式搅拌釜

图 1-8 管式反应器

图 1-9 塔式反应器

图 1-10 固定床反应器

图 1-11 流化床反应器

图 1-12 喷射反应器

图 1-13 泵式反应器

表 1-7　各种操作方式反应器的特点及适用场合

操作方式	操作要点	特　点	适应场合
间歇操作	反应物一次加入,达到要求转化率后,取出全部产物	反应物和产物浓度均随时间变化,是不稳定过程,有非生产时间,设备利用率不高,劳动强度大	癸二酸和辛醇反应生产癸二酸二辛酯
半间歇操作	一种反应物分批加入,另一种反应物连续加入;或者是一批加入物料用精馏的方法连续移走部分产品	与间歇操作相似或相同	共沸脱水法生产苯磺酸
连续操作	连续加入反应物和取出产物	温度、浓度均不随时间变化,稳定过程,设备利用率高,产品质量稳定,易于自动控制,适用于大规模生产	烷基苯的 SO_3 磺化反应,邻二甲苯氧化制苯酐的反应

3. 按温度条件和传热方式分类

按照温度条件反应器可分为等温操作和非等温操作两类。

按照传热方式可将反应器分为间壁传热、直接传热、蒸发传热和绝热四种类型,见表1-8、图 1-14～图 1-20。

表 1-8　反应器的传热类型

类　型	特　点	适用场合	控温方式
间壁传热	反应物与热载体通过间壁传热	反应物不能直接与热载体接触	热载体的流量、温度及压力
直接传热	使反应物直接与传热剂接触	允许反应物直接与传热剂接触	热载体的温度及用量
蒸发传热	靠挥发性物料蒸发传热	沸腾状态下的反应	物料沸点、气相压力等
绝热	靠进料的显热及反应热维持温度	允许温度在一定的范围内变化	进料的温度、流量

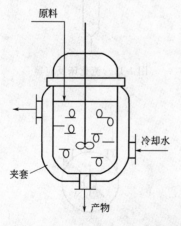

图 1-14　外部热交换型（夹套）操作

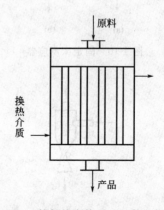

图 1-15　外部热交换型（蛇管）操作

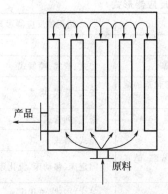

图 1-16 内部热交换型反应操作

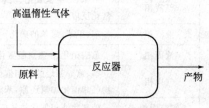

图 1-17 混合反应操作

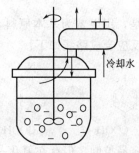

图 1-18 蒸发式反应操作

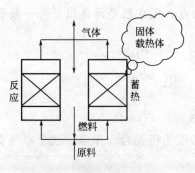

图 1-19 蓄热式反应操作

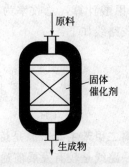

图 1-20 绝热型反应操作

4. 按反应物相态分类

首先可将反应设备分为均相和非均相两大类。前者又可分为气相反应器和液相反应器两类，后者则可分为气-液、液-液、液-固、气-固、气-液-固以及某些固相等类型。反应设备按物料相态分类，实质上是反映了反应动力学的特征。对于均相反应，无相界面，反应速率仅与温度、浓度有关。对于非均相反应，过程的速率不仅与温度和浓度有关，还与相间传质速率有关。各种相态组合的反应举例及其适用的反应器形式见表 1-9。

四、精细有机合成路线的评价标准

有机精细化学品是采用基本有机原料通过精细有机合成获得的。例如，止血药对氨甲基苯甲酸（又称抗血纤溶芳酸）的合成，其结构为：

$$H_2NCH_2 \text{—⟨benzene⟩—} COOH$$

表 1-9　按反应物相态分类适用的反应器形式

相　态		反应举例	适用的反应器形式
均相	气相	乙酸裂解制乙烯酮	管式
	液相	邻硝基氯苯氨解、乙酸乙酯制备、中和反应等	釜式、管式、喷射式
非均相	气液相	甲苯、二甲苯氧化、烷基苯的 SO_3 磺化、乙烯和苯的烷基化反应	釜式、管式、塔式
	液液相	苯、甲苯、氯苯的硝化	釜式、列管式
	液固相	蒽醌硝化、β-氯蒽醌氨化	釜式、塔式
	气固相	萘、蒽等芳烃的气相催化氧化,邻二甲苯制苯酐,硝基物气相催化加氢还原,苯酚、β-萘酚的羧化	固定床、移动床、流化床
	气液固相	硝基物液相催化加氢还原,苯氯化制氯苯	釜式、塔式、流化床
	固相半固相	某些还原染料生产中缩合反应	球磨机型、螺杆形

目前国内药厂采用的合成路线是,用甲苯为基本原料,经硝化、氧化、还原、重氮化、氰化与催化氢化共六步反应合成。反应合成路线如下:

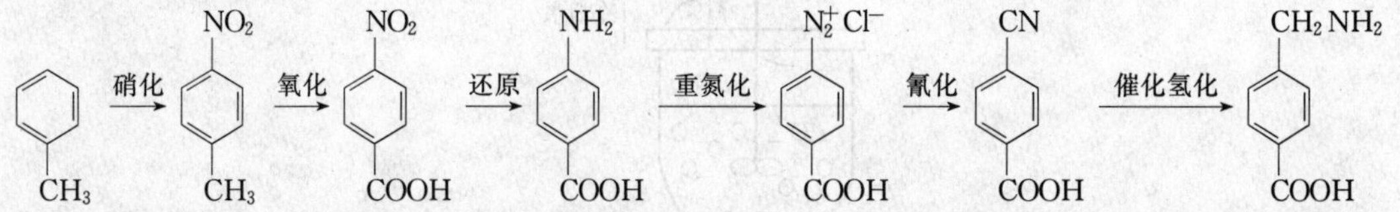

其合成路线的优点是各步反应容易控制。但存在氰化一步需要使用剧毒的氰化钠,生产过程劳动保护要求高;催化加氢一般需加压,对反应设备要求高;工艺路线较长;收率低(从对硝基苯甲酸计算,总收率为 $25\%\sim30\%$)的缺点。现在已经设计出另外一条合成路线,反应合成路线如下:

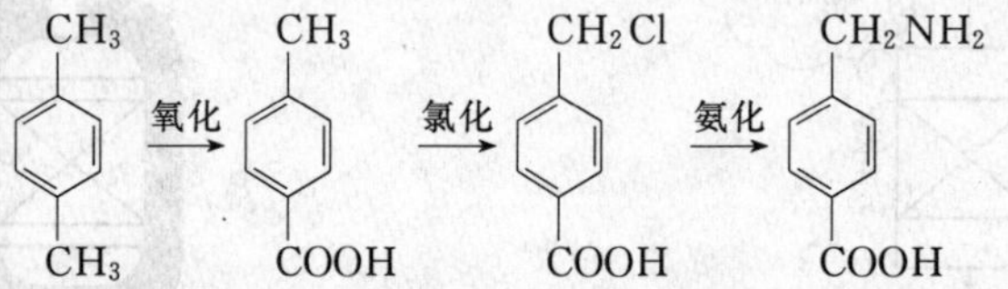

其中原料二甲苯主要来源是炼焦副产物或石油加工所得混合二甲苯,这个原料更易获得,因此这一路线是较有发展前途的。

合成一个精细化学品常常可以有多种路线,采用不同原料,通过不同的工艺途径,那么,如何确定最佳合成路线呢?根据什么原则对合成路线进行评价和选择?这是在设计合成路线时必须要解决的问题。一般来说,设计合成路线要考虑原料的来源、成本的贵贱、产率的高低、中间体的稳定性及分离的难易程度、设备条件、安全性及环境保护等许多因素。

1. 合成步数和反应总收率

合成路线中反应步数和反应总收率是评价合成路线的最直接、最主要的标准。从原料和试剂到目标合成物质所需的反应步数之和称之为反应总步数,总收率是各步收率的连乘积。为了缩短合成路线、提高总收率,在对合成反应路线的选择上,要求每步单元反应应尽可能具有较高的收率,尽可能减少反应步骤。因为每一步反应都有一定的损失,反应步骤增多,则以各步收率乘积计算的总收率必将大大降低,而且各步收率不高时,其总收率降低得更为严重,反应步骤的增多还会导致原料、人力消耗增大、生产周期延长、操作步骤繁杂,甚至会失去了合成的价值。在合成反应的选择上,还要考虑到尽可能避免和控制副反应的发生,因为副反应不但降低收率而且造成分离和提纯方面的困难。

　　表 1-10 列出合成步数与总收率的关系，可以清楚地看到，即使每步反应收率较高，经过 5 步以上的总收率已相当低，因此，在有机合成路线设计上，一般来说超过 5 步的反应，实际应用价值已不大，需另选其他路线，除非是特殊需要的产品。

表 1-10　合成反应总收率与合成步数的关系

每步的平均收率/%	总收率/%		
	5 步	10 步	15 步
90	59.05	35.4	21.1
70	16.80	2.8	0.5
50	3.10	0.1	0.003

　　在合成路线设计中，反应的排列方式也直接影响总收率，通常有线性法和收敛法两种排列方式可供采用。线性法是由原料经连续的几步反应获得产物，因此又称为连续法。收敛法是指原料经两个或两个以上反应平行进行，分别获得的产物再进行进一步反应，因此又称为平行法。一般来说，在反应步数相同的情况下，收敛法的总收率高于线性法，因此，尽可能采用收敛法。例如，某化合物 ABCDEF 采用两条路线合成，每步收率为 90%，结果对比如下。

　　路线一（线性法）：

$$A \xrightarrow{B} AB \xrightarrow{C} ABC \xrightarrow{D} ABCD \xrightarrow{E} ABCDE \xrightarrow{F} ABCDEF$$

总收率 $= (90\%)^5 = 59\%$

　　路线二（收敛法）：

$$A \xrightarrow{B} AB \xrightarrow{C} ABC$$
$$D \xrightarrow{E} DE \xrightarrow{F} DEF$$
$$\Rightarrow ABCDEF$$

总收率 $= (90\%)^3 = 73\%$

2. 原料和试剂的选择

　　在有机合成路线设计中，原料的恰当选择非常重要。原料的来源、价格及利用率对最终合成产品的成本影响最为直接，其中原料利用率包括骨架和官能团的利用程度，这主要取决于原料的结构、性质及所进行的反应。通常要求所采用的原料尽可能少一些，结构的利用率尽可能高一些。

　　原料的供应是随时间和地点的不同而变化的，在设计合成路线时必须具体了解，一般可从化工原料和化学试剂手册上查阅。由于有机原料数量很大，较难掌握，因此，对在有机合成上怎样才算原料选择恰当，我们简单地归纳如下几条供参考。

　　① 一般小分子比大分子容易得到，直链分子比支链分子容易得到。脂肪族单官能团化合物，小于六个碳原子的通常是比较容易得到的，例如小于六个碳原子的醛、酮、羧酸及其衍生物、醇、醚、胺、溴代烷和氯代烷等。至于低级的烃类，如三烯一炔（乙烯、丙烯、丁烯和乙炔）则是基本化工原料。

　　② 脂肪族多官能团化合物比较容易得到，而且在有机合成中常用的有：

$CH_2=CH-CH=CHR$（$R=H$ 或 CH_3）；$X(CH)_nX$（$X=Cl$ 或 Br，$n=1\sim6$）；

$HO-(CH_2)_n-OH$（$n=2\sim4,6$）；$N_2N-(CH_2)_n-NH_2$（$n=2\sim4,6$）；

$CH_3COCH_2COCH_3$；$ROOC（CH_2）_{2\sim4}COOR$；$ROOC—COOR$；

$CH_2（COOR）_2$；XCH_2COOR；CH_3COCH_2COOR；

$CH_2=CHCN$；$CH_2=CHCOCH_3$；$H_2C\overset{\displaystyle\diagdown}{}\overset{\diagup}{\underset{O}{}}CH_2$。

③ 脂环族化合物中环戊烷、环己烷及其单官能团衍生物较易得到，其中常见的为环己烯、环己醇和环己酮。环戊二烯也有工业来源。

④ 芳香族化合物中苯、甲苯、二甲苯、萘及其直接取代衍生物（—X、—NO_2、—SO_3H、—R、—COR 等）以及由这些取代基容易转化成的化合物（—OH、—OR、—NH_2、—CN、—COOR、—COX、—CHO 及等—$CONH_2$）均容易得到。

⑤ 杂环化合物中含五元环及六元环的杂环化合物及其取代衍生物较易获得。

3. 中间体的分离与稳定性

通常任何一个两步以上的有机合成过程都会有中间体生成，一个理想的中间体应稳定性好且易于纯化。一般来说，一条合成路线中若存在两个或两个以上相继的不稳定中间体，合成就很难成功。因此在选择合成路线时，应尽量少用或不用存在对空气、水气敏感或纯化过程复杂、纯化过程损失量大的中间体的合成路线。例如，有机金属化合物是一类在实验室有机合成中非常有用的合成试剂，它们能发生许多选择性很高的反应，使一些常规方法难以进行的反应变为易于实现。但是由于它们在通常条件下很活泼，在工业生产上的应用却并不广泛。

4. 设备条件

在设计有机合成路线时，需尽量避免采用复杂、苛刻的过程装备条件，如高温、高压、低温、高真空或腐蚀严重等，因为上述条件下的反应需要用特殊材质、特殊加工的设备，这样会大大提高投资和生产成本，也给设备管理和维护带来一系列复杂问题。当然对于那些能显著提高收率、缩短反应步骤和时间，或能实现机械化、自动化、连续化、显著提高生产能力以及有利于劳动保护和环境保护的反应，即使设备要求高些、复杂些，也应根据情况予以考虑。

5. 安全生产和环境保护

在许多精细有机合成反应中，常常遇到易燃、易爆和有剧毒的溶剂、原料和中间体。为了确保安全生产和操作人员的人身健康和安全，避免国家和人民财产受到不必要的损失，在进行合成路线设计和选择时，应尽量少用或不用易燃、易爆和有剧毒原料和试剂，同时还要密切关注合成过程中一些中间体的毒性问题。如果必须采用易燃、易爆和有剧毒物质时，则需要提出妥善的安全技术要求，并就劳动保护、安全生产制定相应的技术措施和规定，防止事故的发生，避免不必要的经济损失。而且在操作中，合成操作人员必须严格遵守工艺操作规程、安全防范规定和劳动纪律，按照科学规律，以高度认真负责的态度进行操作，实现安全生产。

化工生产中排放的废气、废水和废渣（亦称"三废"）是污染环境、危害生态的重要因素之一，因此在新的合成路线设计和选择时，要优先考虑没有或"三废"排放量少、污染环境不大且容易治理的工艺路线，而对一些"三废"排放量大、危害严重、处理困难的工艺路线应坚决摒弃。在设计合成路线时对反应过程中产生的"三废"的综合利用和处理方法要提出相应的方案，确保不再造成新的环境污染。

五、合成反应的计算

1. 有关化学反应计算的基本术语

（1）反应物的摩尔比（反应配比或投料比）

反应物的摩尔比是指加入反应器中的几种反应物之间的摩尔比。这个摩尔比值可以和化学反应式的摩尔比相同，即相当于化学计量比。但是对于大多数有机反应来说，投料的各种反应物的摩尔比并不等于化学计量比。

（2）限制反应物和过量反应物

化学反应物不按化学计量比投料时，其中以最小化学计量数存在的反应物叫做"限制反应物"。而某种反应物的量超过"限制反应物"完全反应的理论量，则该反应物称为"过量反应物"。

（3）过量百分数

过量反应物超过限制反应物所需理论量部分占所需理论量的百分数称作"过量百分数"。若以 n_e 表示过量反应物的物质的量，n_t 表示它与限制反应物完全反应所消耗的物质的量，则过量百分数为：

$$过量百分数 = \frac{n_e - n_t}{n_t} \times 100\%　\tag{1-1}$$

2. 转化率、选择性及收率的计算

（1）转化率（以 x 表示）

某种反应物转化掉的量占投入该反应物总量的百分数，反映了原料通过反应器之后产生化学变化的程度。

$$x = \frac{参加反应的反应物量}{投入系统的反应物量} \times 100\%　\tag{1-2}$$

一个化学反应以不同的反应物为基准进行计算，可得到不同的转化率。因此，在计算时必须指明某反应物的转化率。若没有指明，则常常是主要反应物或限制反应物的转化率。

有些生产过程，主要反应物每次经过反应器后的转化率并不太高，有时甚至很低，但是未反应的主要反应物大部分可经分离回收循环再用。这时要将转化率分为单程转化率 $x_单$ 和总转化率 $x_总$ 两项。即：

$$x_单 = \frac{进入反应器的某反应物量 - 离开反应器的某反应物量}{进入反应器的某反应物量} \times 100\%　\tag{1-3}$$

$$x_总 = \frac{进入系统的某反应物量 - 离开系统的某反应物量}{进入系统的某反应物量} \times 100\%　\tag{1-4}$$

对于某些反应，其主反应物的单程转化率可以很低，但是总转化率却可以很高。

（2）选择性（以 S 表示）

选择性是指某一反应物转变成目的产物，其理论消耗的物质的量占该反应物在反应中实际消耗掉的总物质的量的百分数。

$$S = \frac{转化为目的产物的某反应物量}{某反应物的转化总量} \times 100\%　\tag{1-5}$$

（3）收率（以 y 表示）

收率也称产率，是指生成的目的产物的反应物的量占总投入反应器的反应物量的百分数。

$$y = \frac{转化为目的产物的某反应物量}{进入反应器的某反应物的量} \times 100\%　\tag{1-6}$$

与转化率相同，收率也有单程收率和总收率之分。单程收率是指某反应物通过反应成为目的产物的原料量占一次投入到反应器的该原料总量的百分数。

$$单程收率 = \frac{转化为目的产物的某反应物量}{输入到反应器的某反应物量} \times 100\% \tag{1-7}$$

转化率、选择性和理论收率三者之间的关系是：

$$y = Sx \tag{1-8}$$

应该指出，利用上述三者关系进行计算时，应注意对应关系，如单程转化率对应于单程收率。

3. 原料消耗定额

这指的是每生产 1t 产品需消耗多少吨（或千克）各种原料。对于主要反物来说，消耗定额的高低，说明生产工艺水平的高低及操作水平的好坏。

【任务实施】

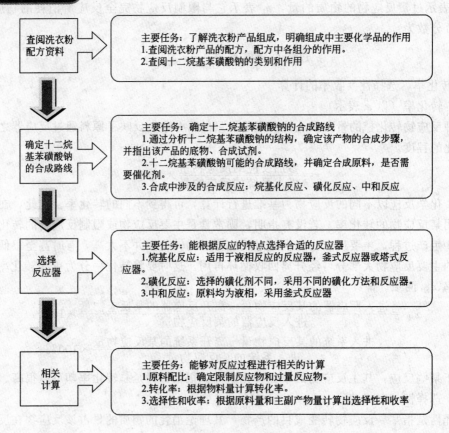

査阅洗衣粉配方资料 → 主要任务：了解洗衣粉产品组成，明确组成中主要化学品的作用
1. 査阅洗衣粉产品的配方，配方中各组分的作用。
2. 査阅十二烷基苯磺酸钠的类别和作用

确定十二烷基苯磺酸钠的合成路线 → 主要任务：确定十二烷基苯磺酸钠的合成路线
1. 通过分析十二烷基苯磺酸钠的结构，确定该产物的合成步骤，并指出该产品的底物、合成试剂。
2. 十二烷基苯磺酸钠可能的合成路线，并确定合成原料，是否需要催化剂。
3. 合成中涉及的合成反应：烷基化反应、磺化反应、中和反应

选择反应器 → 主要任务：能根据反应的特点选择合适的反应器
1. 烷基化反应：适用于液相反应的反应器，釜式反应器或塔式反应器。
2. 磺化反应：选择的磺化剂不同，采用不同的磺化方法和反应器。
3. 中和反应：原料均为液相，采用釜式反应器

相关计算 → 主要任务：能够对反应过程进行相关的计算
1. 原料配比：确定限制反应物和过量反应物。
2. 转化率：根据物料量计算转化率。
3. 选择性和收率：根据原料量和主副产物量计算出选择性和收率

综 合 评 价

1. 精细化学品是如何定义的？

2. 我国关于精细化学品的类别是如何规定的？

3. 欧美国家关于精细化学品和专用化学品的区别。

4. 精细化学品的特性有哪些？

5. 精细化学品和非精细化学品在所有情况下区分是否非常明显，请举例说明。

6. 在设计精细有机合成路线时，需要考虑哪些主要问题？

7. 精细有机合成中主要有哪些单元反应？

8. 精细有机合成的主要原料有哪些来源？

9. 举例说明什么是反应底物、试剂和产物。

10. 按产物类型或试剂分，有机合成反应分为哪几类？举例说明。

11. 催化剂有哪些基本特征？

12. 有机合成反应有哪些基本要求？

13. 选用反应溶剂的基本原则是什么？

14. 反应器的类型，并说明各种类型中反应器的具体形式和操作方式。

15. 精细化学品合成路线评价标准。

16. 工业生产中合成反应控制的指标是什么？

清净剂磺酸盐的生产

任务一　绘制清净剂磺酸盐生产的工艺流程框图

磺酸盐清净剂是使用较早、应用较广和用量最多的一种润滑油添加剂。主要是加到润滑剂中能使发动机部件得到清洗并保持发动机部件干净的化学品，以延长发动机的使用寿命。

【任务介绍】

某石化公司化工生产车间磺酸盐车间新分配来一名高职学院毕业的学生，在班组先见习，在班长的指导下，学习磺酸盐装置相关理论知识及岗位的生产操作，考核达标后，定岗，转为正式职工。

具体任务：

① 绘制清净剂磺酸盐生产工艺流程框图；

② 分析主要生产岗位的任务及生产操作；

③ 识读清净剂磺酸盐装置的生产工艺流程图；

④ 清净剂磺酸盐生产装置仿真操作训练。

【任务分析】

进入清净剂磺酸盐的生产装置，要了解清净剂磺酸盐生产装置的基本情况，主要有本装置的生产原料、清净剂磺酸盐的用途及装置的主要构成，能绘制出装置的工艺流程框图。

【相关知识】

一、润滑油添加剂产品展示

润滑油添加剂是加入润滑剂中的一种或几种化合物的统称，以使润滑剂得到某种新的特性或改善润滑剂中已有的一些特性。添加剂按功能分主要有抗氧化剂、抗磨剂、摩擦改善剂、极压添加剂、清净剂、分散剂、泡沫抑制剂、防腐防锈剂、黏度指数增进剂等类型。市场中所销售的添加剂一般都是以上各单一添加剂的复合品，所不同的就是单一添加剂的成分不同以及复合添加剂内部几种单一添加剂的比例不同而已。润滑油添加剂制品见图 2-1。

二、清净剂磺酸盐性能及用途

磺酸盐按原料来源不同，可分为石油磺酸盐和合成磺酸盐；按碱值来分，有中性或低碱值磺酸盐、中碱值磺酸盐、高碱值磺酸盐和超高碱值磺酸盐；按金属的种类来分，有磺酸钙盐、磺酸镁盐、磺酸钠盐和磺酸钡盐，其中磺酸钙盐用量较多。磺酸盐清净剂可吸附氧化产物，将其分散在油中。其一是指润滑油能将其氧化后生成的胶状物、积炭等不溶物或悬浮在油中，形成稳定的胶体状态而不易沉积在部件上；其二是指将已沉积在发动机部件上的胶状

(a) 锂基润滑油

(b) 航空润滑油

(c) 节油抗磨剂

(d) 节能修复抗磨剂

(e) 液压油

(f) 清洗保护剂

图 2-1　部分润滑油添加剂制品

物、积炭等，通过润滑油的洗涤作用洗涤下来。清净剂通常加入具有分散功能的物质，又称为清净分散剂，是一种具有表面活性的物质，它能吸附油中的固体颗粒污染物，并使污染物悬浮于油的表面，以确保参加润滑循环的油是清净的，从而减少高温与漆膜的形成，并能将低温油泥分散于油中，以便在润滑油循环中将其滤掉。从一定意义上说，润滑油质量的高低，主要区别在抵抗高、低温沉积物和漆膜形成的性能上，也可以说表现在润滑油内清净分散剂的性能及加入量上，可见清净分散剂对润滑油质量具有重要影响。清净剂的代号见表 2-1。

表 2-1　常用清净剂的代号与名称

代号	添加剂类别	名称	代号	添加剂类别	名称
T101	101 清净剂	低碱值石油磺酸钙	T108	108 清净剂	硫磷化聚异丁烯钡盐
T102	102 清净剂	中碱值石油磺酸钙	T108A	108A 清净剂	硫磷化聚异丁烯钡盐
T103	103 清净剂	高碱值石油磺酸钙	T109	109 清净剂	烷基水杨酸钙
T104	104 清净剂	低碱值合成磺酸钙	T111	111 清净剂	环烷酸镁
T105	105 清净剂	中碱值合成磺酸钙	T114	114 清净剂	高碱值环烷酸钙
T106	106 清净剂	高碱值合成磺酸钙	T121	121 清净剂	中碱值硫化烷基酚钙
T107	107 清净剂	超碱值合成磺酸镁	T122	122 清净剂	高碱值硫化烷基酚钙

三、清净剂磺酸盐生产工艺

1. 磺化剂和磺化方法

（1）磺化剂

① 三氧化硫。三氧化硫作磺化剂通常采用气态 SO_3 或从发烟硫酸加热到 250℃ 蒸出 SO_3 冷凝成液态 SO_3 使用。有时为了降低其活泼性，需要加入惰性溶剂或气体稀释。常用的溶剂有液体二氧化硫、低沸点卤烷如二氯甲烷、二氯乙烷、四氯乙烷等；常用的气体有空气、氮气或气体二氧化硫。

② 硫酸和发烟硫酸。工业硫酸有两种规格，即质量分数分别为 92.5％ 和 98％ 的硫酸。发烟硫酸也有两种规格，即含游离 SO_3 质量分数约 20％ 和 65％ 两种规格。这四种规格的磺化剂在常温下都是液体，方便使用和运输。

（2）磺化方法

在工业生产中，常用的芳香族的磺化方法有以下几种：过量硫酸磺化法、共沸去水磺化法、三氧化硫法、氯磺酸磺化法、芳伯胺的烘焙磺化法及其他方法。

2. 磺化的影响因素

（1）芳烃结构

芳烃的结构将直接影响磺化反应的难易。当芳环上有供电基时，反应速率加快，易于磺化；当芳环上有吸电基时，反应速率减慢，较难磺化。例如烷基苯用硫酸磺化的相对速率快慢的顺序为：甲苯＞乙苯＞异丙苯＞叔丁苯。

（2）磺化剂

不同种类磺化剂对磺化反应有较大的影响。例如，用硫酸磺化与用三氧化硫或发烟硫酸磺化差别就较大。前者生成水，是可逆反应；后者不生成水，反应不可逆。用硫酸磺化时，硫酸浓度对磺化反应速率的影响也十分明显。不同磺化剂在磺化过程中的影响见表2-2。

表2-2　不同磺化剂对反应的影响

影响指标	硫酸	发烟硫酸	三氧化硫	氯磺酸
在卤代烃中的溶解度	极低	部分	混溶	低
磺化速率	慢	较快	瞬间完成	较快
磺化转化率	达到平衡,不完全	较完全	定量转化	较完全
磺化热效应	反应时要加热	一般	放热量大要冷却	一般
磺化物黏度	低	一般	特别黏稠	一般
副反应	少	少	多	少
产生废酸量	大	较少	无	较少
反应器体积	大	一般	很小	大

（3）磺化温度和时间

反应温度的高低直接影响磺化反应的速率。一般反应温度升高会加快反应速率，缩短磺化时间，但温度太高，也会引起多磺化、氧化、焦化、砜的生成等副反应，特别是对砜的生成明显有利。例如，在苯的磺化过程中，温度超过170℃时生成的产物容易与原料苯进一步生成砜。即

$$\text{⬡—SO}_3\text{H} + \text{⬡} \xrightarrow{>170℃} \text{⬡—SO}_2\text{—⬡} + H_2O$$

实际上，磺化温度和时间，根据对磺化产物的要求而通过大量实验优化确定。磺化终点一般是根据磺化液的总酸度来确定的。

（4）添加剂

磺化过程中加入少量添加剂，对反应常有明显的影响，它表现在不同方面。

① 改变定位。磺化反应一般无需使用催化剂，但对于蒽醌的磺化，加入催化剂可以影响磺酸基进入的位置。

② 抑制副反应。在磺化反应中，副产物砜是通过芳磺酸能与硫酸生成芳磺酰阳离子，而后与芳烃发生亲电取代反应而形成的。反应式如下：

$$\text{ArSO}_3\text{H} + 2H_2SO_4 \Longrightarrow \text{ArSO}_2^+ + H_3^+O + 2HSO_4^-$$

$$\text{ArSO}_2^+ + \text{ArH} \Longrightarrow \text{ArSO}_2\text{Ar} + H^+$$

如果在磺化反应中加适量无水 Na_2SO_4 作添加剂，可以增加 HSO_4^- 的浓度，使平衡向左移动，从而抑制砜的生成。而且，在萘酚进行磺化时，加入的 Na_2SO_4 还可以抑制硫酸的氧化作用。

③ 提高收率。催化剂的加入有时可以降低反应温度，提高收率和加速反应。例如吡啶用三氧化硫或发烟硫酸磺化时，加入少量汞盐可使收率由 50% 提高到 71%。

（5）搅拌

在磺化反应中，良好的搅拌可以加速有机物在酸相中的溶解，提高传热、传质效率，防止局部过热，提高反应速率，有利于反应的进行。例如苯和甲苯等在硫酸中的非均相磺化，传质是控制步骤，加强搅拌对反应有利。

【任务实施】

根据使用场合不同，磺酸盐可以有很多种类，下面以锦州石化公司磺酸盐生产的装置和工艺来举例说明磺酸盐生产的应用实例。

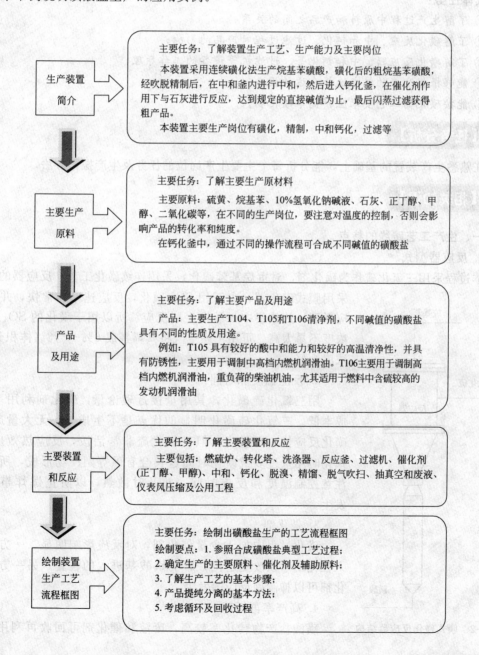

任务二　清净剂磺酸盐生产的主要工作岗位分析

清净剂磺酸盐的生产工艺较为成熟，近年来也发展出一些新的生产工艺，主要用于超高碱值磺酸盐的生产，大多数磺酸盐产品仍然由传统合成方法生产。

【任务介绍】

在熟悉生产装置的基础上，能分析反应岗、中和钙化岗、过滤岗等的主要任务及生产操作方法。

具体任务：

① 了解生产过程中原料和产品之间的关系；

② 了解磺化反应、中和钙化、过滤过程对产品的影响；

③ 了解磺化反应器、中和钙化釜、过滤机等设备的工作原理；

④ 能够根据生产的特点选择合适的设备；

⑤ 能按磺化的工艺要求生产简单磺化物。

【任务分析】

在熟悉生产装置的基础上，能分析每个主要生产岗位的任务及生产操作方法。

【相关知识】

一、生产工艺路线的特点

1. 反应器型式

本过程采用三氧化硫作为磺化剂，对重烷基苯磺化，采用连续磺化工艺，反应器的型式采用膜式磺化器，由于用 SO_3 磺化，反应速率非常快，并且反应激烈，放热集中，易发生副反应，所以用于磺化的 SO_3 气体浓度不易太高。可用干燥空气将其稀释成 6%～8%（体积分数）浓度为好。

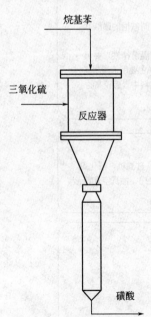

图 2-2　膜式磺化反应器结构

2. 反应温度和时间

用三氧化硫磺化，其用量接近理论量，磺化剂利用率高，成本低。三氧化硫磺化明显的优点是不生成水，无大量废酸，磺化反应快，用量省。但三氧化硫非常活泼，反应热效应大，磺化时用量过多或磺化时间过长会有砜等副产物形成，所以要注意控制温度和反应时间，并及时散热，以防止爆炸事故的发生。

3. 催化剂

磺化过程中加入少量催化剂，对反应影响明显。一方面加入催化剂可以改变定位，影响磺酸基进入的位置。另一方面催化剂可以抑制副反应的发生。

4. 高产率再循环

磺酸盐产物转化率较高，废液和催化剂可回收再利用，原料利用率高，尾气经过处理再排空，安全系数较高，环境污染较小。

二、主要生产设备

在磺酸盐的生产中，涉及的设备主要包括磺化反应器、换热器、过滤机、精馏塔等，其中磺化反应是最关键的过程，其设备也是整个生产过程的核心设备。

1. 膜式反应器

膜式反应器是气液反应器的一种形式，本工艺过程采用的反应器的结构见图 2-2。

2. 中和钙化釜

中和钙化过程是气液固三相反应，采用釜式反应器，结构见图 2-3。由钢板卷焊成圆筒体再焊上钢板压成的标准锅底，配上锅盖。它提供足够的反应体积，确保反应物达到规定转化率所需的时间，并且有足够的强度和耐腐蚀能力以保证运行可靠。配有搅拌装置，用来加强反应器物料的均匀混合，使之接触良好，强化传质与传热；轴密封装置，用来防止釜体与搅拌轴之间的泄漏；传热装置，用来输入或移出热量。按工艺要求，可选用不同型式的搅拌器和传热构件。

图 2-3　中和钙化釜式反应器

3. 叶式压滤机

用于初步固液分离的澄清性过滤，在过滤罐密闭的机壳内，通过不锈钢滤网叶片，用来支撑和吸附硅藻土等助滤剂。助滤剂在混合缸中与物料混合后，通过输送泵打循环使得滤网片上形成稳定的滤饼层，即进行硅藻土预涂。预涂好后，开始过滤，细小的助滤剂颗粒可提供无数的细微通道，困住悬浮的杂物，只容许清澈的液体通过，并在过滤过程中通过不断添加硅藻土等助滤剂以形成新的过滤层，使得滤饼不会有所堵塞，这样物料就通过滤饼层进行实质性的过滤，去其杂质，流入滤叶内腔，再经出液管，流出清液。另外，如果过滤时需要脱色，还需加入一定比例的活性炭。叶式压滤机外观如图 2-4 所示，内部构造如图 2-5 所示。

4. 板框压滤机

由交替排列的滤板和滤框构成一组滤室。滤板的表面有沟槽，其凸出部位用以支撑滤布。滤框和滤板的边角上有通孔，组装后构成完整的通道，能通入悬浮液、洗涤水和引出滤液。板、框两侧各有把手支托在横梁上，由压紧装置压紧板、框。板、框之间的滤布起密封垫片的作用。由供料泵将悬浮液压入滤室，在滤布上形成滤渣，直至充满滤室。滤液穿过滤布并沿滤板沟槽流至板框边角通道，集中排出。过滤完毕，可通入清洗涤水洗涤滤渣。洗涤后，有时还通入压缩空气，除去剩余的洗涤液。随后打开压滤机卸除滤渣，清洗滤布，重新压紧板、框，开始下一工作循环。

图 2-4　叶式压滤机外观

图 2-5　叶式压滤机内部构造

（1）过滤方式

滤液流出的方式分明流过滤（图 2-6）和暗流过滤（图 2-7）。

① 明流过滤：每个滤板的下方出液孔上装有水嘴，滤液直观地从水嘴里流出。

② 暗流过滤：每个滤板的下方设有出液通道孔，若干块滤板的出液孔连成一个出液通道，由止推板下方的出液孔相连接的管道排出。

图 2-6　明流式板框压滤机

图 2-7　暗流式板框压滤机

（2）洗涤方式

滤饼需要洗涤时，有明流单向洗涤和双向洗涤，暗流单向洗涤和双向洗涤。

① 明流单向洗涤：洗液从止推板的洗液进孔依次进入，穿过滤布再穿过滤饼，从无孔滤板流出，这时有孔板的出液水嘴处于关闭状态，无孔板的出液水嘴是开启状态。

② 明流双向洗涤：洗液从止推板上方的两侧洗液进孔先后两次洗涤，即洗液先从一侧洗涤再从另一侧洗涤，洗液的出口同进口是对角线方向，所以又叫双向交叉洗涤。

③ 暗流单向流涤：洗液从止推板的洗液进孔依次进入有孔板，穿过滤布再穿过滤饼，从无孔滤板流出。

④ 暗流双向洗涤：洗液从止推板上方的两侧的两个洗液进孔先后两次洗涤，即洗涤先从一侧洗涤，再从另一侧洗涤，洗液的出口是对角线方向，所以又叫暗流双向交叉洗涤。

（3）滤布

滤布是一种主要过滤介质，滤布的选用和使用，对过滤效果有决定性的作用，选用时要根据过滤物料的 pH 值、固体粒径等因素选用合适的滤布材质和孔径以保证低的过滤成本和高的过滤效率，使用时，要保证滤布平整不打折，孔径畅通。

5. 泵机

（1）离心泵（图 2-8）

以叶轮旋转，把机械能传给液体，让液体获得动能，并通过蜗壳把动能变为静压能的液体输送机械。利用离心作用原理，工作范围大，压头随扬程变化。

（2）齿轮泵（图 2-9）

以双齿轮咬合，每次把一定体积（相当于齿间容积）的液体从双齿的一侧推向另外一侧，工作压力大（扬程高），但输送流程小，而且流量不随压头改变。

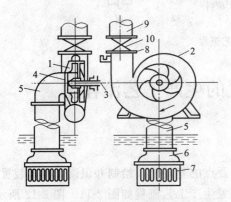

图 2-8　离心泵

1—叶轮；2—泵壳；3—泵轴；4—吸入口；
5—吸入管；6—底阀；7—滤网；8—排
出口；9排出管；10—调节阀

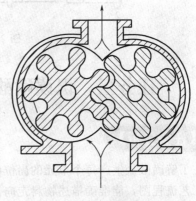

图 2-9　齿轮泵

（3）螺杆泵

许多方面与齿轮泵相类似，是利用螺杆在泵体的内螺纹槽中啮合转动来输送液体的泵，螺杆每转一周，密封腔内的液体向前推进一个螺距，随着螺杆的连续转动，液体螺旋形方式从一个密封腔压向另一个密封腔，最后挤出泵体。其特点也是压力高，流量小。输送黏度大的物料，螺杆泵要比齿轮泵强，且输送压力较平稳。

【任务实施】

（1）以 SO_3/空气磺化生产十二烷基苯磺酸钠为例，学生分组讨论，识读工艺流程（如图 2-10 所示）。

（2）讨论磺化工艺条件

原料的选择，反应机理，生产条件，主要设备的使用。

（3）其他磺化方法

① 共沸去水磺化

② 氯磺酸磺化

③ 烘焙磺化

④ 亚硫酸盐磺化-置换磺化

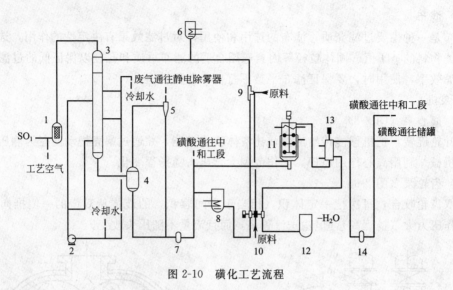

图 2-10　磺化工艺流程

任务三　识读磺酸盐装置的生产工艺流程图

【任务分析】

在了解磺酸盐生产每个单元的岗位任务及操作要点的基础上，绘制并识读磺酸盐装置的生产工艺流程图，能准确描述物料走向。磺酸盐装置生产工艺流程如图 2-11、图 2-12 所示。

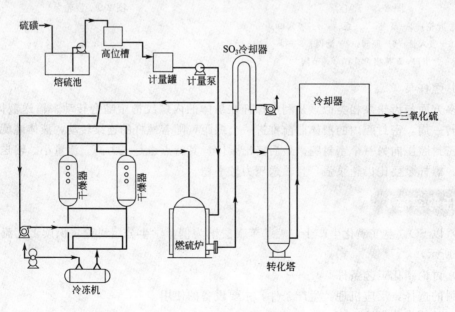

图 2-11　熔硫装置流程

① 了解合成磺酸盐的工业生产方法，确定合成的主要原料及辅助原料；

② 找到主要反应设备，查找主要合成路线；

③ 按照物料走向（箭头方向）反向找到主要原料及辅助原料；

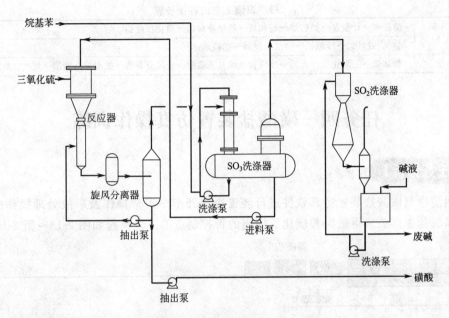

图 2-12　磺酸盐装置生产工艺流程

④ 按正常生产工艺流程、辅助工艺流程重新识读整体工艺流程。

【相关知识】

磺酸盐生产的其他岗位如下。

1. 中和钙化

精制后的烷基苯磺酸中加入一定量的溶剂和石灰，按需求合成不同碱值的磺酸钙。

2. 过滤

合成完毕的磺酸钙中加助滤剂，先通过叶式滤机进行过滤，当大部分固体被叶式滤机过滤出来后，开始进行板框滤机过滤，最后要采样分析产品的油溶性斑点和透明度。当产品质量全部符合要求后，用泵将产品打到磺酸盐产品储罐中。

3. 溶剂回收

（1）分离甲醇

使用精馏塔分离，甲醇由塔顶得到，正丁醇和水的混合液落到塔底再沸器中，当甲醇分离完后，开始进行第二步分离。

（2）分离正丁醇

正丁醇和水的共沸物从塔顶馏出，经冷凝后到相分离罐中，在罐中进行相分离，塔底再沸器正丁醇经换热器到塔底中间罐，经分析合格后，送到正丁醇储罐。

（3）除去水

剩余正丁醇和水的共沸物从塔顶出来经冷凝器冷却、相分离罐相分离后送到正丁醇储罐和水相罐，落到塔底再沸器中的都是水，排入到下水井。

【任务实施】

按表 2-3 识读工艺流程图。

表 2-3 识读工艺流程图步骤

熔硫路线	熔硫槽→计量泵→燃硫炉→转化塔→喷淋冷却器→磺化反应器
	空气：鼓风机→冷冻机→空气干燥器→燃硫炉
磺化路线	烷基苯→三氧化硫洗涤器→反应器→烷基苯磺酸→旋风分离器→抽出泵→精制→尾气洗涤放空

任务四 磺酸盐装置仿真操作训练

【任务分析】

利用清净剂磺酸盐装置仿真软件进行装置冷态开车、正常操作及事故处理操作的训练。清净剂磺酸盐生产装置熔硫岗和磺化反应岗的带控制点的工艺流程如图 2-13～图 2-15 所示。

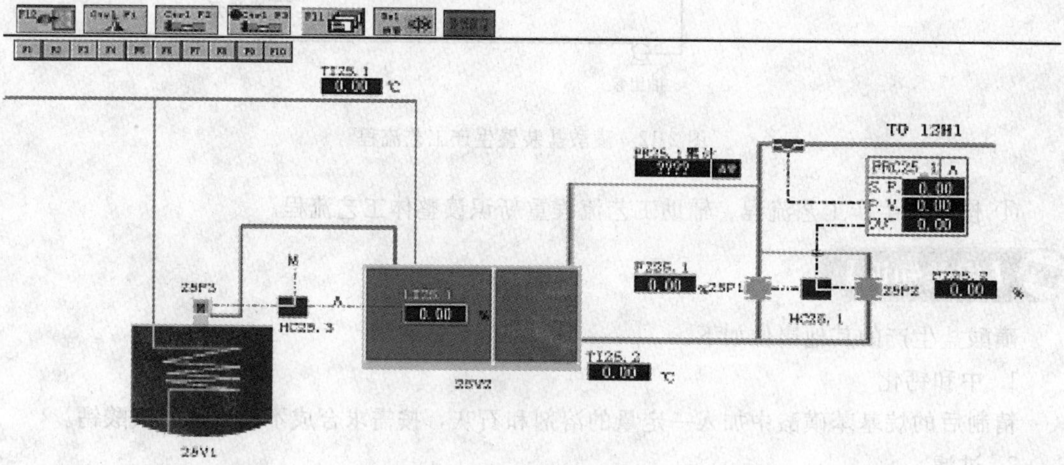

图 2-13 熔硫工序流程图画面

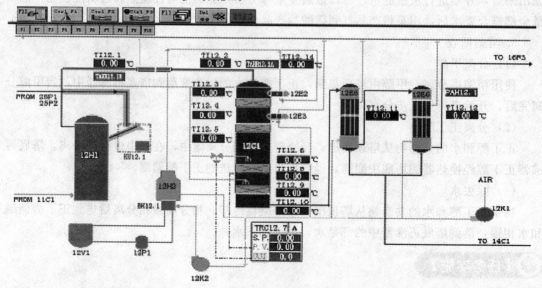

图 2-14 SO₂/SO₃ 转换工序流程图画面

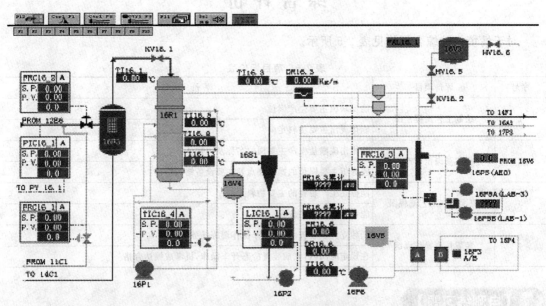

图 2-15 磺化工序流程图画面

【任务实施】

在磺化装置生产中,磺化反应为最核心的调节。目的是降低烷基苯消耗,优化控制,保证磺酸质量稳定。控制回路的内环是通过计算机控制变频调速电机的转速来控制内齿轮泵输出的烷基苯流量,控制回路的外环控制参数是磺酸密度,人工设定磺酸密度,计算机根据检测磺酸密度的微小变化及时对烷基苯流量作细调。使磺酸密度一直保持在最佳值。

简单烷基苯流量调节回路,其实质是烷基苯流量的定值调节,消除了磺化过程中因烷基苯流量波动对磺酸含量所带来的影响。而不能根据磺酸的质量情况来调节烷基苯流量。无法消除 SO_2 气浓度、流量、磺化、冷却水温度等诸多因素对磺酸质量所造成的影响。磺酸密度-烷基苯流量串级调节回路,其实质是实现磺酸密度的定值控制。同时消除了烷基苯硫酸密度上升情况。

仿真操作内容见表 2-4。

表 2-4 仿真操作内容

序号	训练项目	操作内容
1	冷态开车	开阀、预热、吹扫、进料、调压、液位控制等
2	正常运行	控制压力、液位、温度在设定值范围内,维持正常操作
3	正常停车	管线吹扫、水洗、空气置换、排空、交付检修等
4	事故处理	电力中断
		管线不下料
		反应异常
		搅拌机和循环泵停止运转
		气动元件报警不动作

综 合 评 价

对于情境二的综合评价见表 2-5 所示。

表 2-5　项目评价表

序号	评价项目	评价要点
1	绘制工艺流程框图	能反映出主要生产岗位
		能体现出主要物料走向
2	分析主要岗位生产任务	能指出磺酸盐生产主要岗位名称及岗位任务
		能分析主要岗位的操作要点及主要设备结构特征
3	识读生产工艺流程图	能描述生产装置的主要物料走向
		能识读整体工艺流程
4	装置仿真操作训练	能独立完成装置的开、停车操作训练任务
		在规定时间内,完成装置冷态开车操作,机考成绩达合格

【自测练习题】

1. 工业上用什么方法可由萘制备高纯度 β-萘磺酸? 为什么?

2. 为什么在萘的一硝化与一氯化反应中主要生成 α-位取代的萘衍生物,而一磺化时则在一定条件下可得到 β-位取代的为主的产物?

3. 判断下列结论是否正确? 为什么?

(1) 在磺化反应中升高温度有利于磺酸的异构化。

(2) 容易磺化的芳烃容易水解。

4. 写出以下磺化反应的方法和主要反应条件。

任 务 拓 展

查阅十二烷基苯磺酸钠的生产工艺资料。

硝基苯的合成

任务　实验室合成硝基苯

硝基苯是一种重要的化工原料和中间体，用于生产苯胺、联苯胺、二硝基苯等多种医药和染料中间体，也可用作农药、炸药及橡胶硫化促进剂的原料等，工业上的主要应用是制取苯胺和聚氨酯泡沫塑料。

【任务介绍】

学校与某企业进行校企合作项目，需要在实验室内进行新产品研发工作，其中硝基苯是一步重要的中间体，因此拟定在本校实验室合成硝基苯以进行后续工作。

【任务分析】

硝基苯一般采用苯硝化法合成，根据采用的硝化剂不同，选择合适的硝化条件、实验仪器，完成实验仪器安装，合成出合格产品。

【相关知识】

一、认识硝基苯

1. 硝基苯性质

（1）名称和结构

硝基苯中文名称：密斑油，苦杏仁油；

英文名称：Nitrobenzene；

化学结构式： 。

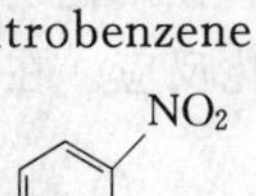

（2）物理性质

苯分子中的一个氢原子被硝基取代而生成的化合物，为无色或微黄色具苦杏仁味的油状液体。难溶于水，在 20℃水中溶解度为 0.19g，易溶于乙醇、乙醚、苯和油。分子式为 $C_6H_5NO_2$，摩尔质量 123.06g/mol，相对密度 1.205（15/4℃），熔点 5.85℃，沸点 210.9℃，闪点 87.78℃，自燃点 482.22℃，蒸气压 0.13kPa（1mmHg，44.4℃）。

（3）化学性质

① 还原反应。芳香族硝基化合物易被还原，还原产物因反应条件（还原剂及反应介质）不同而不同。硝基化合物可以依次还原为亚硝基化合物，伯胺、N-苯基羟胺、氧化偶氮苯或其还原产物等。

② 芳香亲核取代反应。卤代芳烃在一般条件下苯环上的卤素原子很难被亲核试剂取代，这可以从氯苯的水解反应得到说明，但是当卤素的邻、对位有硝基存在时，反应变得较容易进行。

③ 其他。化学性质活泼，能被还原成重氮盐、偶氮苯等。由苯经硝酸和硫酸混合硝化而得。作有机合成中间体及用作生产苯胺的原料。

2. 危害性

硝基苯遇明火、高热或与氧化剂接触，有引起燃烧爆炸的危险。与硝酸反应强烈。硝基苯毒性较强，吸入大量蒸气或皮肤大量沾染，可引起急性中毒，使血红蛋白氧化或络合，血液变成深棕褐色，并引起头痛、恶心、呕吐等。

硝基苯在水中具有极高的稳定性，由于其密度大于水，进入水体的硝基苯会沉入水底，长时间保持不变。又由于其在水中有一定的溶解度，所以造成的水体污染会持续相当长的时间。硝基苯的沸点较高，自然条件下的蒸发速度较慢，与强氧化剂反应生成对机械震动很敏感的化合物，能与空气形成爆炸性混合物。倾翻在环境中的硝基苯，会散发出刺鼻的苦杏仁味。80℃以上其蒸气与空气的混合物具爆炸性，倾倒在水中的硝基苯，以黄绿色油状物沉在水底。

另外，在生产硝基苯的过程中容易发生自由基反应，精馏塔再沸器容易发生爆炸，而且在生产剩余的苯进行回收时，也要注意防止发生爆炸。

3. 用途

硝基苯是一种重要的化工原料和中间体，用于生产苯胺、联苯胺、二硝基苯等多种医药和染料中间体，也可用作农药、炸药及橡胶硫化促进剂的原料，主要用途是制取苯胺和聚氨酯泡沫塑料。目前工业上仍采用落后的混酸硝化法硝基苯合成工艺，存在着产品收率低，设备腐蚀严重，环境污染问题，以及重大安全隐患问题。鉴于多次发生的工厂安全事故，硝基苯的合成制备新工艺的研究一直备受关注。硝基苯是工业上制备苯胺及苯胺衍生物（如扑热息痛）的重要原料，同时也被广泛应用于橡胶、染料、杀虫剂及药物的生产。

二、硝基苯的生产方法

1. 硝化反应

硝化反应是实现工业化生产最早和最重要的单元反应之一。在硝化剂的作用下，有机化合物分子中的氢原子被硝基取代，生成硝基化合物的反应称硝化反应。在有机化合物中引入硝基的主要目的有：

① 利用硝基的可还原性制备氨基化合物；

② 利用硝基的极性，使芳环上的其他取代基活化，促进芳环上的亲核置换反应的进行；

③ 利用硝基的极性，赋予精细化工产品某种特性，例如在染料合成中引入硝基可加深染料的颜色。

（1）硝化反应原理

硝基苯类化合物的生产是用硝酸等硝化剂在催化剂的存在下对苯的硝化反应，如：

$$4ArNO_2 + 9Fe + 4H_2O \longrightarrow 4ArNH_2 + 3Fe_3O_4$$

（2）工业硝化方法

根据使用的硝化剂、硝化介质的不同，工业上将芳香族化合物硝化的方法通常有以下几种。

① 稀硝酸和浓硝酸硝化。稀硝酸通常用于某些容易硝化的芳香族化合物，如酚类、酚醚类、茜素和某些 *N*-酰化的芳胺的硝化。稀硝酸须过量 10%～65%。浓硝酸硝化目前只用于少数芳烃化合物的硝化，一般硝酸需要过量许多倍，在反应过程中，硝酸不断为反应生成的水所稀释，硝化能力不断下降，使氧化副反应相对增加，而且过量的硝酸须设法回收或利用，因而限制了该法的工业应用。

② 浓硫酸介质中的均相硝化。当被硝化物或硝化产物在反应温度下呈固态时，常常采用将被硝化物溶解在大量的浓硫酸中，然后加入硝酸或硫酸和硝酸的混合物的方法进行硝化。这种均相硝化法只需用过量很少的硝酸，一般产率较高，所以应用范围较广。

③ 非均相混酸硝化。当被硝化物和硝化产物在反应温度下均呈液态时，常常采用非均相混酸硝化的方法。工业上可通过配置良好的搅拌装置，加强搅拌，使有机相迅速被分散到酸相中以顺利完成硝化反应。这种非均相混酸硝化法，是目前工业上大量遇到的硝化方法，也是本情境讨论的重点。

④ 有机溶剂中硝化。适用于某些被硝化物和硝化产物易与硝化混合物发生反应（如磺化）或水解，硝化反应可在乙酸、乙酐、二氯甲烷、二氯乙烷、氯仿、四氯甲烷等有机溶剂中进行。这种方法的优点在于可避免使用大量的硫酸作溶剂，从而减少或消除废酸量；可通过采用不同的溶剂来改变硝化产物异构体的比例。随着有机溶剂价格的降低，这种方法在工业上将具有广阔的应用前景。

⑤ 间接硝化。主要有磺基和重氮盐的取代硝化。该法是先向芳香族化合物上引入如磺基、重氮盐等其他基团，再用硝基进行取代生成芳香族硝基化合物，适用于制备某些特殊酚类硝基化合物或特殊取代位置的硝基化合物。

（3）硝化反应影响因素

① 被硝化物的性质。芳烃硝化反应是芳环上的亲电取代反应，其发生反应的难易程度与芳环上取代基的性质有密切关系。当苯环上带有供电子基时，硝化反应速率快，需要缓和的硝化剂和硝化条件，在硝化产物中常常以邻、对位异构体为主。反之，当苯环上连有吸电子基时，则硝化速率降低，需要较强的硝化剂和硝化条件，产物中常以间位异构体为主。其中卤苯例外，引入－X吸电子基虽然使苯环钝化，但所得的产物几乎都是邻、对位异构体。

② 硝化剂。被硝化物相同，若采用的硝化方法不同，常常得到的产物组成也不同。因此在进行硝化反应时，据工艺要求选择合适的硝化剂是十分关键的。

混酸中硝化时，混酸的组成对其硝化能力和硝化产物组成有重要的影响。混酸中硫酸含量越高，硝化能力越强。例如甲苯一硝化时硫酸含量每增加 1%，反应活化能约降低 2.8kJ/mol。混酸中硫酸含量还影响产物异构体比例，例如，1,5-萘二磺酸在浓硫酸中硝化，主要生成 1-硝基萘-4,8-二磺酸，而在发烟硫酸中硝化，主要生成 2-硝基萘-4,8-二磺酸。对于极难硝化物质，可采用三氧化硫替代硫酸，以 SO_3-HNO_3 体系作硝化剂，提高硝化反应速率。在有机溶剂中，用三氧化硫替代硫酸，还可大幅度降低硝化废酸量。

不同的硝化介质也常常改变异构体组成的比例。带有强供电子基的芳烃化合物（如苯甲醚、乙酰苯胺）在非质子化溶剂中硝化时，得到较多的邻位异构体，而在质子化溶剂中硝化得到较多的对位异构体。这是由于在质子化溶剂中硝化，富含电子的原子可能易被氢键溶剂化，从而增大了取代基的体积，使邻位攻击受到空间位阻。例如乙酰苯胺采用不同硝化介质进行一硝化时，产物异构体比例相差较大，见表 3-1。

表 3-1   不同硝化介质对乙酰苯胺-硝化时的产物异构体比例的影响

硝 化 剂	温度/℃	邻位/%	对位/%	邻位/对位
$HNO_3-H_2SO_4$	20	19	79	0.24
90% HNO_3	-20	23.5	76.5	0.31
80% HNO_3	-20	40.7	59.3	0.69
HNO_3-Ac_2O	20	68	30	2.27

混酸中若加入适量的磷酸，可增加对位异构体的比例，可能是由于磷酸的作用使硝化活性质点的体积增大，导致攻击邻位时位阻变大的缘故。

③ 反应温度。对于均相硝化反应，反应温度直接影响反应速率和产物异构体的比例。对于非均相硝化反应，反应温度还会影响芳烃在酸相中的溶解度、乳化液黏度、界面张力、扩散系数和反应速率常数等。因此，温度对非均相硝化速率的影响是不规则的。例如，甲苯一硝化的反应速率常数大致为每升高 10℃增加 1.5～2.2 倍。改变温度还关系到安全生产的问题。一般易硝化和易发生氧化副反应的芳烃（如酚、酚醚、乙酰芳胺等）可采用在低温硝化。

④ 搅拌。工业上遇到的硝化过程大多数是非均相反应，为了提高传热和传质效率，保证反应的顺利进行，必须具有良好的搅拌装置。加强搅拌，有利于两相的分散，增大了两相界面接触的面积，使传质阻力减小，有利于硝化反应。

⑤ 相比与硝酸比。相比又称酸油比，是指混酸与被硝化物的质量比。选择适宜的相比是保证非均相硝化反应顺利进行的保证。相比一定时，剧烈的搅拌只能使被硝化物在酸相中达到饱和溶解。而增加相比就能增大被硝化物在酸相中的溶解量。相比过大，反而使设备生产能力下降，废酸量增多，对生产不利。相比过小，反应初期酸的浓度过高，反应过于激烈，控温困难。工业上常用的一种方法是向硝化反应器中加入一定比例上批硝化的废酸（也称为循环废酸），不仅可以增加相比，有利于热量的分散和移出，而且废酸总量并不增多。

硝酸比是硝酸和被硝化物的物质的量之比。一硝化时理论上两者应是符合化学计量关系的，但实际生产中硝酸的用量往往高于理论量。硝酸比的大小取决于被硝化物硝化的难易程度。当采用混酸为硝化剂时，对易硝化的被硝化物硝酸比为 1.01～1.05，难硝化的被硝化物硝酸比为 1.1～1.2 或更高。近年来，由于对环境保护的要求越来越高，大吨位产品已趋向采用过量被硝化物的绝热硝化技术代替传统的过量硝酸的硝化工艺。

⑥ 硝化副反应。由于被硝化物的性质不同和反应条件的选择不当，在芳烃硝化过程中除了发生向芳环上引入硝基的主反应外，往往还会发生氧化、去烃基、置换、脱羧、开环和聚合等许多副反应，对提高产品的收率和纯度不利，造成反应物或硝化产物的损失，且产品质量差，意味着要增加主产物的分离和精制设备及费用。研究副反应的目的在于提高经济效益，减少环境污染和增加生产的安全性。

2. 混酸硝化

典型的混酸硝化工艺流程如图 3-1 所示。

工业上芳烃硝化多采用混酸硝化法。混酸硝化法具有以下优点：

① 硝化能力强，反应速率快，生产能力高；

② 硝酸用量可接近理论量，硝化后分出的废酸可回收循环使用；

③ 硫酸的比热容大，传热效率高，可使硝化反应比较平稳地进行；

④ 产品纯度较高，不易发生氧化等副反应；

⑤ 对设备材料要求不高，通常可以采用普通碳钢、不锈钢或铸铁作硝化反应器。

其缺点是产生大量待浓缩的废硫酸和含硝基苯的废水，以及对于硝化设备要求具有足够的冷却面积。

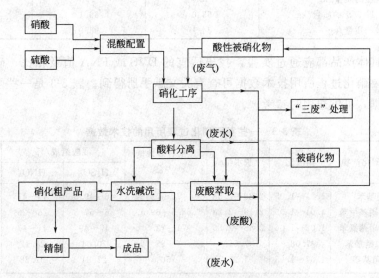

图 3-1　混酸硝化工艺流程

（1）混酸的硝化能力

每一硝化过程都要求混酸具有适当的硝化能力。硝化能力太强，反应加快的同时，也容易产生多硝化副反应；硝化能力太弱，反应缓慢而降低处理能力，甚至硝化不完全。混酸的组成往往标志着混酸的硝化能力。选择适当的混酸组成，在实际生产中十分重要。目前工业上混酸的硝化能力通常用硫酸脱水值和废酸计算含量两个指标来表示。

硫酸脱水值，常用符号 DVS（Dehydrating Value of Sulfuric acid）表示，是指硝化终了时废酸中硫酸和水的计算质量之比。即

$$DVS = \frac{废酸中含硫酸的质量}{废酸中含水的质量} = \frac{废酸中含硫酸的质量}{混酸中含水的质量 + 硝化生成水的质量}$$

脱水值越大，表示废酸中硫酸含量越高或水含量越少，则混酸的硝化能力越强。

废酸计算含量，常用符号 FNA（Factor of Nitrating Activity）表示，是指硝化终了时，废酸中硫酸的计算含量。以 100 份混酸为计算基准，当 $\varphi = 1$，

$$FNA = \frac{w(H_2SO_4)}{100 - 5w(HNO_3)/7} \times 100\% = \frac{140w(H_2SO_4)}{140 - w(HNO_3)} \times 100\% \qquad (3-1)$$

当 $\varphi = 1$，时，

$$FNA = \frac{DVS}{1 + DVS} \times 100\% \qquad (3-2)$$

比较表 3-2 的数据可知，选混酸 I 硫酸用量最省，但是相比太小，而且在开始阶段反应过于激烈，容易发生多硝化和其他副反应；选混酸 III 则生产能力低，废酸量大；因此具有实用价值的是混酸 II。

表 3-2   氯苯一硝化采用三种组成不同的混酸的计算数据（$\phi=1.05$，1kmol 氯苯为基准）

计算数据	混酸 I	混酸 II	混酸 III
$w(H_2SO_4)/\%$	44.5	49.0	59.0
$w(HNO_3)/\%$	55.5	46.9	27.9
$w(H_2O)/\%$	0.0	4.1	13.1
FNA	73.7	73.7	73.7
DVS	2.80	2.80	2.80
所需混酸的质量/kg	119	141	237
所需 100% H_2SO_4 的质量/kg	53.0	69.1	139.8
废酸的质量/kg	74.1	96.0	192.0

对于每个具体产品都应通过实验，找出适宜的 DVS 或 FNA 值及相比、硝酸比和混酸组成。一些重要硝化过程所用技术数据可查有关文献手册得到。表 3-3 是一些重要硝化过程所用的技术数据，可供选用时参考。

表 3-3   一些重要硝化过程所用的技术数据

被硝化物	主要硝化产物	硝酸比	脱水值	废酸计算浓度 /%	混酸组成/%		备 注
					H_2SO_4	HNO_3	
苯	硝基苯	1.01～1.05	2.33～2.58	70～72	46～49.5	44～47	连续法
甲苯	邻、对硝基甲苯	1.01～1.05	2.18～2.28	68.5～69.5	56～57.5	26～28	连续法
氯苯	邻、对硝基氯苯	1.02～1.05	2.45～2.80	71～72.5	47～49	44～47	连续法
硝基苯	间-二硝基苯	1.08	7.55	～88	70.04	28.12	间歇法
萘	1-硝基萘	1.07～1.08	1.27	56	27.84	52.28	58%废酸循环

（2）配酸工艺

用不同的原料酸配制混酸时，可根据物料衡算式联立求解，从而得出各原料酸的用量。但要注意，废酸中往往存在少量的硝化产物和氮的氧化物，而氮的氧化物会与硫酸发生反应，消耗硫酸和生成水。其反应式为：

$$N_2O_3 + 2H_2SO_4 \Longleftrightarrow 2ONOSO_3H + H_2O \tag{3-3}$$

在配制混酸时应考虑的几个主要问题：

① 设备的防腐措施；

② 有效的机械混合装置；

③ 及时导出热量的冷却装置；

④ 配酸温度控制在 40℃以下，以减少硝酸的挥发和分解；

⑤ 严格控制原料酸的加料顺序和加料速度；

⑥ 配好的混酸经分析合格方可使用，否则必须重新补加相应的原料酸以调整组成。

混酸的配制有连续法和间歇法两种。连续法的生产能力大，适于大吨位大批量生产；间歇法的生产能力低，适于小批量多品种的生产。在间歇法配酸时，严禁突然将水加入到大量浓酸中，否则会因局部瞬间剧烈放热而造成喷酸或爆炸事故。通常在有效地混合与冷却下，将浓硫酸先缓慢后渐快地加入到水或稀废酸（循环废酸）中，温度控制在 40℃以下，最后先慢后快地加入硝酸。在连续法配酸时也遵循这一原则。

（3）硝化产物的分离

反应终了的物料由硝化锅沿切线方向进入连续分离器中，利用硝化产物与废酸具有较大密度差和可分层的原理进行硝化产物的连续分离。但多数硝化产物在浓硫酸中都有一定的溶解度，且随硫酸浓度的增加而提高。为了减少硝化产物在酸相的溶解，造成硝化物的损失，往往在分离前先加入适量的水稀释废酸。在连续分离器中加入微量的叔辛胺，可以加速硝化产物与废酸的分层。叔辛胺的用量一般为硝化产物质量的 0.0015％～0.0025％。

分离出废酸的硝化产物（或酸性硝基苯）中，还含有少量无机酸和酚类等氧化副产物，可通过水洗、碱洗方法使其变成易溶于水的酚盐等而除去。此种方法的缺点是消耗大量的碱，且产生大量含硝基物和酚盐的废水需处理。废水中溶解和夹带的硝基物一般可用被硝化物萃取的方法回收，萃取回收率高，但这种方法不能去除和回收废水中的酚盐。

（4）硝化异构产物分离

除去残留无机酸和酚类等杂质后的中性硝化产物常常是异构体混合物，仍需进行分离提纯。其分离方法有两种：物理法和化学法。

① 物理法。利用不同异构体的物理性质差异而达到分离目的。例如，氯苯一硝化的产物分离精制过程。根据其硝化异构产物的物理性质如沸点和凝固点有明显差别，可采用精馏和结晶相结合的方法将其分离，见表 3-4。目前随着精馏技术和设备的发展，已可采用全精馏法直接分离混合硝基氯苯异构体，但由于全精馏能耗较大，不经济。因此多采用经济的结晶、精馏、再结晶的方法进行异构体的分离。

表 3-4 氯苯一硝化产物的组成及物理性质

异构体	组成/%	凝固点/℃	沸点/℃	
			0.1MPa	1kPa
邻位	33～34	32～33	245.7	119
对位	65～66	83～84	242.0	113
间位	1	44	235.6	—

② 化学法。利用硝化产物异构体在某一反应中具有不同的化学性质而达到分离目的。例如硝基苯制备间二硝基苯时，会伴有邻位和对位异构体副产物。利用间二硝基苯与亚硫酸钠不发生化学反应，而其邻、对位异构体中的一个硝基则容易与亚硫酸钠发生亲核置换反应，分别生成邻、对位硝基苯磺酸钠，可溶于水可除去。

（5）废酸处理

硝化后的废酸的主要组成是 73％～75％（质量分数）的硫酸，并含少量的硝酸、亚硝酸、亚硝酰硫酸和硝基物。

针对不同的硝化产品和硝化方法，可采用不同的废酸处理方法。其方法主要有以下几种。

① 闭路循环法。将硝化后的废酸直接用于下一批的硝化生产中，循环使用。

② 蒸发浓缩法（也称蒸浓法）。将经新鲜原料芳烃萃取后的废酸，进行蒸发浓缩，使硫酸的质量分数达到 92.5％～95％，可作为配制混酸的原料酸。

③ 浸没燃烧浓缩法。当废酸的质量分数较低（30％～50％）时，先通过浸没燃烧，使其提浓到 60％～70％，再进行浓缩。

④ 分解吸收法。废酸中的硝酸和亚硝酰硫酸等无机物在硫酸质量分数不超过 75％时，只要加热到一定温度，便很容易分解，生成的氧化氮气体用碱液吸收处理。

工业上也有将废酸液中氮化物、剩余硝酸和有机杂质通过萃取、吸附或用过热蒸气吹扫除去，然后用氨水制成化肥。

🔧【任务实施】

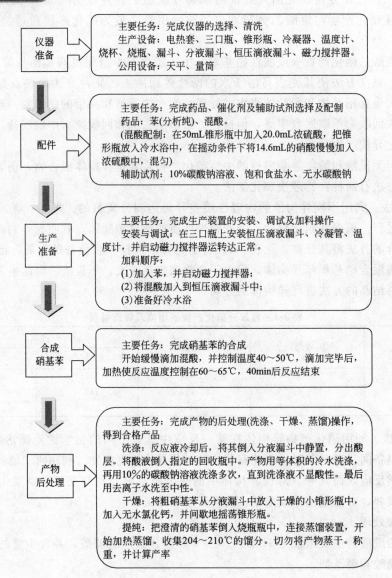

仪器准备 →
主要任务：完成仪器的选择、清洗
生产设备：电热套、三口瓶、锥形瓶、冷凝器、温度计、烧杯、烧瓶、漏斗、分液漏斗、恒压滴液漏斗、磁力搅拌器。
公用设备：天平、量筒

配件 →
主要任务：完成药品、催化剂及辅助试剂选择及配制
药品：苯(分析纯)、混酸。
(混酸配制：在50mL锥形瓶中加入20.0mL浓硫酸，把锥形瓶放入冷水浴中，在摇动条件下将14.6mL的硝酸慢慢加入浓硫酸中，混匀)
辅助试剂：10%碳酸钠溶液、饱和食盐水、无水碳酸钠

生产准备 →
主要任务：完成生产装置的安装、调试及加料操作
安装与调试：在三口瓶上安装恒压滴液漏斗、冷凝管、温度计，并启动磁力搅拌器运转达正常。
加料顺序：
(1)加入苯，并启动磁力搅拌器；
(2)将混酸加入到恒压滴液漏斗中；
(3)准备好冷水浴

合成硝基苯 →
主要任务：完成硝基苯的合成
开始缓慢滴加混酸，并控制温度40～50℃，滴加完毕后，加热使反应温度控制在60～65℃，40min后反应结束

产物后处理 →
主要任务：完成产物的后处理(洗涤、干燥、蒸馏)操作，得到合格产品
洗涤：反应液冷却后，将其倒入分液漏斗中静置，分出酸层。将酸液倒入指定的回收瓶中。产物用等体积的冷水洗涤，再用10%的碳酸钠溶液洗涤多次，直到洗涤液不显酸性。最后用去离子水洗至中性。
干燥：将粗硝基苯从分液漏斗中放入干燥的小锥形瓶中，加入无水氯化钙，并间歇地摇荡锥形瓶。
提纯：把澄清的硝基苯倒入烧瓶瓶中，连接蒸馏装置，开始加热蒸馏。收集204～210℃的馏分。切勿将产物蒸干。称重，并计算产率

综 合 评 价

对情境三的综合评价见表 3-5。

表 3-5　项目评价表

序号	评价项目	评价要点
1	认识硝基苯	了解硝基苯的理化性质和毒性
		认识硝基苯的用途
2	混酸硝化法制备硝基苯	掌握混酸硝化法制备硝基苯的原理
		掌握混酸硝化法制备硝基苯的影响因素

续表

序号	评价项目	评 价 要 点
3	其他合成硝基苯方法	了解硝酸硝化、在乙酐中硝化制备硝基苯的方法
		了解间接硝化制备硝基苯的方法
4	实验室合成硝基苯	实验室合成硝基苯的实际操作
		实验室合成硝基苯的预习报告、实验记录和实验报告

知 识 拓 展

查阅资料亚硝化反应的应用。

甲基叔丁基醚的生产

任务一　绘制甲基叔丁基醚生产的工艺流程框图

甲基叔丁基醚，英文缩写为 MTBE（methyl tert-butyl ether），常用于无铅汽油中作为抗爆剂，在化工及生物领域也具有广泛用途。甲基叔丁基醚还可作为生产聚合级异丁烯的原料。

【任务介绍】

某石化公司甲基叔丁基醚车间新分配来一名高职学院毕业的学生，在班组先见习，在班长的指导下，学习甲基叔丁基醚车间相关理论知识及岗位的生产操作，考核达标后，定岗，转为正式职工。

具体任务：

① 绘制甲基叔丁基醚生产工艺流程框图；

② 分析主要生产岗位的任务及生产操作；

③ 识读甲基叔丁基醚装置的生产工艺流程图；

④ 甲基叔丁基醚装置仿真操作训练。

【任务分析】

进入甲基叔丁基醚的生产装置，要了解生产装置的基本情况，主要有本装置的生产原料、甲基叔丁基醚产品的用途及装置的主要构成，能绘制出装置的工艺流程框图。

【相关知识】

甲基叔丁基醚是由甲醇与异丁烯在强酸性阳离子树脂催化剂的作用下反应生成的，从反应机理上属于 O-烷基化反应。由于甲基叔丁基醚主要用作汽油的抗爆剂，属于燃料油添加剂类产品。

一、燃料添加剂产品展示

为了提高石油产品的质量，以满足各种使用性能的要求，可加入一些特殊的油溶性有机化合物，这些化合物可以改善石油产品的各种性能，它们被称之为石油产品添加剂。

石油添加剂分为四大类，包括润滑剂添加剂、燃料添加剂、复合添加剂、其他添加剂。

燃料添加剂主要应用于汽油、柴油、煤油和燃料油。按作用分，主要有抗爆剂、抗氧剂、金属钝化剂、抗静电剂、抗磨防锈剂、流动改进剂等。部分燃料添加剂产品如图 4-1 所示。

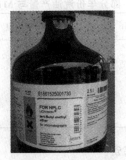

抗爆剂甲基叔丁基醚

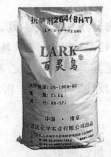

抗氧剂2,6-二叔丁基-4-甲基苯酚

清净剂硫磷化聚异丁烯钡盐

图 4-1　部分燃料添加剂产品

二、甲基叔丁基醚性能及用途

1. 甲基叔丁基醚的性质

分子式：$(CH_3)_3OCH_3$

结构式：

$$H_3C—O—\overset{\displaystyle CH_3}{\underset{\displaystyle CH_3}{\overset{|}{\underset{|}{C}}}}—CH_3$$

相对分子质量：88.15

性状：是一种无色透明、黏度低的可挥发性液体，具有特殊气味，含氧量为 18.2% 的有机醚类。熔点 −109℃，沸点 55.2℃，闪点 −10℃，密度 740.6kg/m³（20℃），空气中爆炸极限（体积分数）下限 1.65%；上限 8.4%，研究法辛烷值 117，马达法辛烷值 101。

2. 甲基叔丁基醚的用途

甲基叔丁基醚是优良的汽油辛烷值添加剂和抗爆剂，与汽油可以任意比例互溶而不发生分层现象，与汽油组分调和时，有良好的调和效应，调和辛烷值高于其净辛烷值。化学性质稳定，含氧量相对较高，能够改善汽油尾气排放，降低尾气中一氧化碳的含量，燃烧效率高，可以抑制臭氧的生成，主要用于生产无铅汽油。现在约有 95% 的甲基叔丁基醚用作辛烷值提高剂和汽油中含氧剂。甲基叔丁基醚也是一种重要的化工原料，可通过裂解制备高纯异丁烯。此外甲基叔丁基醚作为溶剂，主要用于生物样品中药物的提取分离。

3. 甲基叔丁基醚的需求情况

随着我国油品质量的升级，MTBE 的消费量和添加比例在逐步提高。预计 2010 年中国汽油产量为 70Mt 以上，按 4.5% 的平均添加量，MTBE 的需求量为 3.15Mt 以上。见表 4-1。

表 4-1　部分年份汽油产量与 MTBE 需求量

项目	汽油产量/Mt	MTBE 需求量/Mt	MTBE 平均添加率/%
1990 年	21.161	0.08	0.4
2000 年	39.847	0.9	2.25
2006 年	55.914	1.45	2.59
2008 年	63.48	1.97	3.1
2010 年	70.00	3.145	4.5

三、甲基叔丁基醚合成知识准备

1. 烷基化反应

（1）烷基化反应

烷基化反应又称烃化反应，是指在有机化合物分子中的碳、氮、氧等原子上引入烃基（包括烷基、烯基、炔基、芳基等，或有取代基的烃基，例如羧甲基、羟乙基、氰乙基等）的反应，其中以引入烷基的烃化反应最为重要，尤其是甲基化、乙基化和异丙基化最为普遍。烃化反应在精细有机合成中是极为重要的一类反应，在塑料、医药、溶剂、表面活性剂领域有重要的应用。

（2）烷基化反应的试剂

① 卤烷。氯甲烷、碘甲烷、氯乙烷、溴乙烷、氯乙酸等。

② 醇类。甲醇、乙醇、正丁醇以及高级脂肪醇等。

③ 酯类。硫酸酯、磷酸酯以及磺酸酯等。

④ 不饱和烃。乙烯、丙烯、高级 α-烯烃、丙烯腈、丙烯酸甲酯和乙炔等。

⑤ 环氧化合物。环氧乙烷、环氧丙烷等。

⑥ 醛类和酮类。甲醛、乙醛、丁醛、苯甲醛、丙酮和环己酮等。

（3）烷基化反应的催化剂

烷基化反应的催化剂主要有酸性卤化物（如三氯化铝、三氟化硼）、质子酸（如硫酸、氢氟酸、磷酸和多磷酸等）、酸性氧化物和酸性离子交换树脂。

2. 烷基化反应的应用

通过烷基化反应，可形成新的碳碳、碳杂结构，延长了有机化合物的骨架，改变被烷基化物的化学结构，改善或赋予其新的性能，制造出许多具有特定用途的有机化学品或精细化学品。如非离子表面活性剂壬基酚聚氧乙烯醚、阴离子表面活性剂十二烷基苯磺酸、阳离子表面活性剂中的脂肪胺，以及合成二烷基醚和烷基酚基醚等。

四、甲基叔丁基醚生产工艺

1. 甲基叔丁基醚的生产原理

（1）甲基叔丁基醚的生产原料

① 甲醇。

分子式：CH_3OH；

相对分子质量：32.04；

外观与性状：无色澄清液体，有刺激性气味。微有乙醇样气味，易挥发，易流动，燃烧时无烟有蓝色火焰，能与水、醇、醚等有机溶剂互溶，能与多种化合物形成共沸混合物，能与多种化合物形成溶剂混溶，溶解性能优于乙醇，能溶解多种无机盐类，如碘化钠、氯化钙、硝酸铵、硫酸铜、硝酸银、氯化铵和氯化钠等。沸点 64.8℃，易燃，蒸气能与空气形成爆炸极限 5.5%～44%（体积分数）。有毒，一般误饮 15mL 可致眼睛失明。

② 异丁烯。

分子式：C_4H_8；

结构式：
$$\underset{}{\overset{CH_3}{\underset{|}{H_3C-C=CH_2}}}；$$

相对分子质量：56.11；

中文名称：2-甲基丙烯；

性状：无色气体，熔点 $-140.3℃$，沸点 $-6.9℃$，相对密度（水＝1）0.67，相对蒸气密度（空气＝1）2.0，与空气形成爆炸混合物，爆炸极限 1.8%～8.8%（体积百分数）不溶于水，易溶于多数有机溶剂，主要用于制合成橡胶和作为有机化工原料。

甲基叔丁基醚合成中采用含异丁烯的混合碳四组分为原料，混碳四主要由烃类裂解所得到的裂解气和石油炼厂的炼厂气分离获得，混碳四中一般异丁烯的含量≥7%。

（2）生产原理

甲基叔丁基醚由甲醇与异丁烯在催化剂作用下通过烷基化反应生成。

主反应化学方程式：

$$\underset{}{\overset{CH_3}{\underset{|}{CH_3-C=CH_2}}}+CH_3OH \longrightarrow \underset{\overset{|}{CH_3}}{\overset{CH_3}{\underset{|}{CH_3-C-O-CH_3}}} \qquad \Delta H=-36.52kJ/mol$$

副反应方程式：

$$\underset{}{\overset{CH_3}{\underset{|}{CH_3-C=CH_2}}}+H_2O \longrightarrow \underset{\overset{|}{CH_3}}{\overset{CH_3}{\underset{|}{CH_3-C-OH}}} \qquad \Delta H=-35.03kJ/mol$$

$$2\underset{}{\overset{CH_3}{\underset{|}{CH_3-C=CH_2}}} \longrightarrow \underset{\overset{|}{CH_3}}{\overset{CH_3}{\underset{|}{CH_3-C-CH_2}}}\overset{CH_3}{\underset{|}{-C=CH_2}} \qquad \Delta H=-69.34kJ/mol$$

① 甲基叔丁基醚由甲醇与异丁烯通过烷基化反应生成，异丁烯与甲醇在强酸性阳离子树脂催化剂的作用下，异丁烯在叔碳位形成正碳离子，具有较高的反应活性，甲醇属于极性分子，与其进行加成反应生成甲基叔丁基醚。

② 甲基叔丁基醚的合成反应受热力学平衡的制约，在低温下向生成甲基叔丁基醚的方向发展。

③ 同时，从反应动力学来说，在较高温度下加快反应速率，但副反应速率也加快，为此，在生产操作过程中，要控制合适的反应温度。

2. 甲基叔丁基醚的生产特点

从反应机理和利用的核心工艺设备来看，制备甲基叔丁基醚的主要工艺有：固定床反应技术、膨胀床反应技术、催化蒸馏反应技术、混相反应技术、混相反应蒸馏技术等。这里，仅介绍绝热固定床反应和共沸蒸馏生产甲基叔丁基醚生产工艺。

利用甲醇对混合碳四馏分中异丁烯有很高选择性的特点，在催化剂作用下，合成甲基叔丁基醚。本工艺具有流程简单，操作条件稳定，操作弹性大等特点。

混合碳四与甲醇混合以后，进入第一反应器进行反应。初步反应后的物料经冷却后，分两路，一路进入第一反应器进行循环取热，另一路进入第二反应器进一步反应，目的是提高异丁烯的转化率。

反应后的物料经分离得到甲基叔丁基醚产品，未反应的甲醇和废碳四回收，甲醇作为原料循环使用，废碳四作为液化气产品出售。

【任务实施】

主要任务：了解装置生产技术、生产能力及主要岗位
　　本装置采用了绝热固定床反应和共沸蒸馏生产工艺，利用甲醇对混合碳四馏分中异丁烯有很高选择性的特点，在催化剂作用下，合成甲基叔丁基醚(简称MTBE)，本装置具有工艺流程简单，操作条件稳定，操作弹性大等特点。
　　本装置主要生产岗位有反应岗、分馏岗、计量岗及附属岗位等

主要任务：了解生产原材料及性质
　　甲醇：采用工业甲醇，甲醇含量≥98.5%，含水≤0.15%。
　　混碳四：以碳四的烯烃和烷烃为主，其中异丁烯含量≥7%，同时C_3≤2%，C_5≤1%，$C_4^{==}$≤2%

主要任务：了解主要产品及用途
　　主要产品：甲基叔丁基醚(MTBE)≥93%、碳四+正丁醇+甲醇≤7%；回收甲醇≥98%，循环使用。
　　MTBE主要用于高标号汽油的调和组分，提高辛烷值(添加2% MTBE的汽油产品的辛烷值可增加7%)和汽油燃烧效率；由MTBE裂解制取高纯度异丁烯；作为合成丁基橡胶、甲基丙烯酸甲酯、聚异丁烯原料等；MTBE的稳定性好，抗氧化，可以作为良好的反应溶剂和试剂使用

主要任务：了解本装置的主要岗位构成及任务
　　主要岗位：卸车岗、油品计量岗、反应岗、分馏岗等。
　　卸车岗：是将外购的甲醇由槽车送至甲醇储罐。
　　油品计量岗：是按原材料质量指标要求，及时准确地联系原材料的输入和成品、半成品的输出，全面负责收油、送油、混兑及计量工作，确保装置连续平稳运行。
　　反应岗：选择最佳操作条件，在阳离子交换树脂催化作用下，利用甲醇对碳四中异丁烯的良好选择性，通过醚化反应，生成甲基叔丁基醚，最终生产出高辛烷值的组分。
　　分馏岗：采用共沸精馏的方式，将反应生成物中甲基叔丁基醚与碳四和甲醇分离开

主要任务：绘制出甲基叔丁基醚反应及分馏工段的原则流程图
绘制要点：1.原料混合及预热部分；
2.甲醇和混合碳四组分进入反应器反应；
　3.反应后的混合组分进入分馏塔，分离出MTBE和轻组分。轻组分经水洗后，进入甲醇回收塔回收甲醇

任务二　甲基叔丁基醚生产的主要岗位分析

【任务分析】

在熟悉生产装置的基础上，能分析计量岗、反应岗和分馏岗等的主要任务及生产操作方法。

【相关知识】

采用固定床催化反应器生产 MTBE，通过精馏和水洗等操作分离出 MTBE 产物并回收甲醇。

一、甲基叔丁基醚生产工艺路线特点

1. 反应器型式

本产品合成采用两台绝热式固定床反应器。

2. 反应条件控制

本反应采用低压条件，由于采用甲醇过量，且混合碳四中参加反应的异丁烯含量很小，因此反应放出的热量可以靠大量的循环物料带出，以控制反应温度。

3. 产物的分离

反应后的混合产物先进入分馏塔，从塔底分离出 MTBE，塔顶的轻组分为甲醇和未反应的碳四，通过水洗将甲醇和碳四分开，然后甲醇水溶液进入甲醇回收塔，回收的甲醇循环反应。

二、甲基叔丁基醚主要生产设备

1. 反应器

在合成反应中，反应是合成反应工序是最关键的过程，即反应器是整个生产过程的核心设备。合成反应设备种类很多，通常按结构分为釜式反应器、管式反应器、塔式反应器、流化床反应器及固定床反应器等。其中，固定床反应器是进行气固相或液固相反应经常使用的反应器，固体为催化剂，流动相为反应物料。

固定床反应器根据反应热效应的大小可以分为绝热式和换热式两大类。如图 4-2～

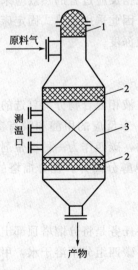

图 4-2　圆筒绝热式反应器

1—矿渣棉；2—瓷环；3—催化剂

图4-4所示。

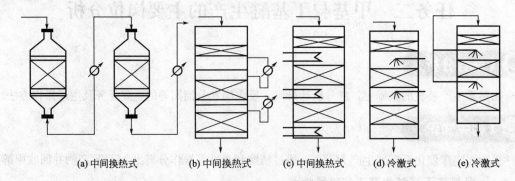

(a) 中间换热式　　(b) 中间换热式　　(c) 中间换热式　　(d) 冷激式　　(e) 冷激式

图 4-3　多段绝热式固定床反应器

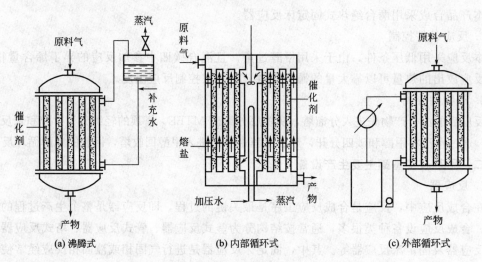

(a) 沸腾式　　　　　　(b) 内部循环式　　　　　　(c) 外部循环式

图 4-4　换热式固定床反应器

采用何种型式的反应器主要根据反应过程的热效应来确定，由于本合成反应过程中，反应物的浓度低，反应的热效应小，因此采用绝热式固定床反应器。在任务实施中采用了两台绝热式固定床反应器，以保证反应深度。

2. 塔

（1）分馏塔

反应后的产物是液相混合物，液相混合物分离首选的方法是精馏操作，本分馏塔为浮阀塔盘。反应后的产物包括 MTBE，未反应的甲醇和没有参加反应的碳四。在反应生成物中甲基叔丁基醚与甲醇是一种共沸物，碳四作为一种挟带剂（第三组分）与甲醇形成低沸点共沸物，将甲基叔丁基醚与碳四和甲醇分离开。在分馏塔的底部采出成品 MTBE，塔顶为未反应的碳四和微量的甲醇。

（2）水洗塔

水洗塔仍采用浮阀塔盘，主要任务是将分馏塔顶部出来的未反应的甲醇和没有参加反应的碳四通过水洗的方式进行分离，碳四组分不溶于水，甲醇和水完全互溶，因此可以将甲醇和碳四组分分离。

（3）甲醇回收塔

　　甲醇回收仍根据甲醇和水的相对挥发度差异较大实现分离，甲醇回收塔上部采用填料，目的是尽量减少甲醇中携带水分，下部采用浮阀塔盘。

【任务实施】

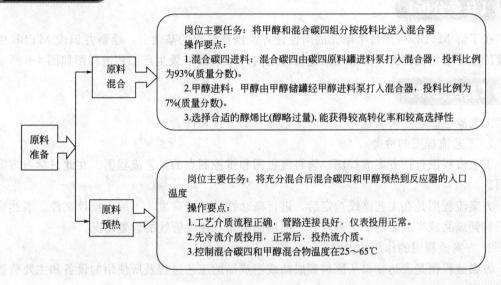

原料准备 → 原料混合

岗位主要任务：将甲醇和混合碳四组分按投料比送入混合器
操作要点：
1.混合碳四进料：混合碳四由碳四原料罐进料泵打入混合器，投料比例为93%(质量分数)。
2.甲醇进料：甲醇由甲醇储罐经甲醇进料泵打入混合器，投料比例为7%(质量分数)。
3.选择合适的醇烯比(醇略过量)，能获得较高转化率和较高选择性

原料准备 → 原料预热

岗位主要任务：将充分混合后混合碳四和甲醇预热到反应器的入口温度
操作要点：
1.工艺介质流程正确，管路连接良好，仪表投用正常。
2.先冷流介质投用，正常后，投热流介质。
3.控制混合碳四和甲醇混合物温度在25～65℃

合成反应

岗位主要任务：负责将反应温度、压力自动控制在目标范围内进行反应。
操作要点：
1.反应物处于液相进行反应，反应压力是实现反应物处于液相的唯一手段，所以，稳定反应压力是操作前提条件。控制目标是0.85MPa。
2.反应器温度70℃，反应温度波动范围不超过10℃。
3.反应器温度用原料预热温度及反应器的外循环量和循环温度来控制

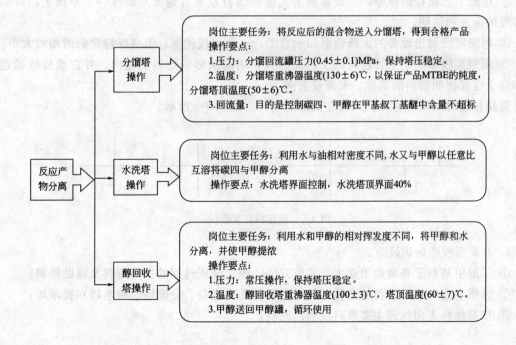

反应产物分离 → 分馏塔操作

岗位主要任务：将反应后的混合物送入分馏塔，得到合格产品
操作要点：
1.压力：分馏回流罐压力(0.45±0.1)MPa，保持塔压稳定。
2.温度：分馏塔重沸器温度(130±6)℃，以保证产品MTBE的纯度，分馏塔顶温度(50±6)℃。
3.回流量：目的是控制碳四、甲醇在甲基叔丁基醚中含量不超标

反应产物分离 → 水洗塔操作

岗位主要任务：利用水与油相对密度不同，水又与甲醇以任意比互溶将碳四与甲醇分离
操作要点：水洗塔界面控制，水洗塔顶界面40%

反应产物分离 → 醇回收塔操作

岗位主要任务：利用水和甲醇的相对挥发度不同，将甲醇和水分离，并使甲醇提浓
操作要点：
1.压力：常压操作，保持塔压稳定。
2.温度：醇回收塔重沸器温度(100±3)℃，塔顶温度(60±7)℃。
3.甲醇送回甲醇罐，循环使用

任务三　识读甲基叔丁基醚生产的工艺流程图

【任务分析】

在了解 MTBE 生产每个单元的岗位任务及操作要点的基础上，绘制并识读 MTBE 生产装置的生产工艺流程图，能准确描述物料走向。MTBE 装置生产工艺流程图如图 4-6 所示。

【相关知识】

工艺流程图是用来表达化工生产工艺流程的设计文件。

1. 工艺流程图的种类

工艺流程图包括方案流程图、物料流程图和带控制点的工艺流程图。在此只学习方案流程图。

方案流程图是在工艺路线选定后，进行概念性设计时完成，不编入设计文件。表达物料从原料到成品或半成品的工艺过程，及使用的设备和主要管线的设置情况。

2. 方案流程图的作用和内容

方案流程图是表达物料从原料到成品或半成品的工艺过程及所使用的设备和主要管线的设置情况。

方案流程图的主要内容如下。

（1）设备

用示意图表示生产过程中所使用的机器、设备；用文字、字母、数字注写设备的名称和位号。

（2）工艺流程

用工艺流程线及文字表达物料由原料到成品或半成品的工艺流程。

3. 方案流程图的画法

① 按照工艺流程的顺序，把设备和工艺流程线自左至右地展开画在一个平面上，并加以必要的标注和说明。

② 用细实线画出设备的大概轮廓和示意图，一般不按比例，但应保持它们的相对大小。

③ 用粗实线来绘制主要物料的工艺流程线，用箭头标明物料的流向，并在流程线的起始和终了位置注明物料的名称、来源或去向。

管路相连时画实，管路交叉时在交叉点断开，如图 4-5 所示。

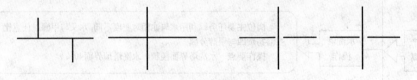

图 4-5　相连和交叉管线

4. 方案流程图的识读方法

① 了解甲基叔丁基醚的工业生产实施方法，确定合成过程的主要原料及辅助原料；

② 读图下注明编号设备的名称，找到主要设备反应器、分馏塔、脱水塔和提浓塔；

③ 按照物料走向找到主要原料及辅助原料；

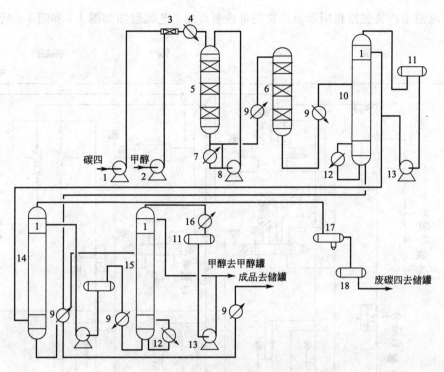

图 4-6 甲基叔丁基醚生产工艺流程

1—碳四泵；2—甲醇泵；3—混合器；4—原料预热器；5—第一反应器；6—第二反应器；7—反冷却器；

8—循环泵；9—冷却器；10—分馏塔；11—回流罐；12—再沸器；13—回流泵；

14—水洗塔；15—提浓塔；16—冷凝器；17—脱水罐；18—废碳四罐

④ 由反应器开始查找产物路线和副产物路线；

⑤ 按正常生产工艺流程识读整体工艺流程。

甲基叔丁基醚生产工艺流程如图 4-6 所示。

【任务实施】

见表 4-2。

表 4-2 识读工艺流程图步骤

反应器原料路线	碳四:碳四泵→混合器→原料预热器→第一反应器
	甲醇:甲醇泵→混合器→原料预热器→第一反应器
甲基叔丁基醚路线	第二反应器→分馏塔→分馏塔底→换热器→成品罐
副产物路线	未反应甲醇:第二反应器→分馏塔→分流塔顶→水洗塔→甲醇提浓塔→甲醇提浓塔顶→甲醇循环罐
	废碳四:第二反应器→分馏塔→分流塔顶→水洗塔→水洗塔顶→废碳四罐

任务四 甲基叔丁基醚装置仿真操作训练

【任务分析】

利用甲基叔丁基醚装置仿真软件进行装置冷态开车、正常操作及事故处理操作的训练。

甲基叔丁基醚生产装置原料岗和反应岗的带控制点的工艺流程图如图 4-7 和图 4-8 所示。

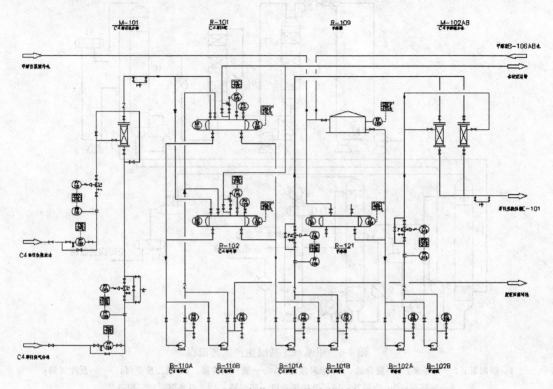

图 4-7 甲基叔丁基醚生产装置原料岗点控制点的工艺流程图

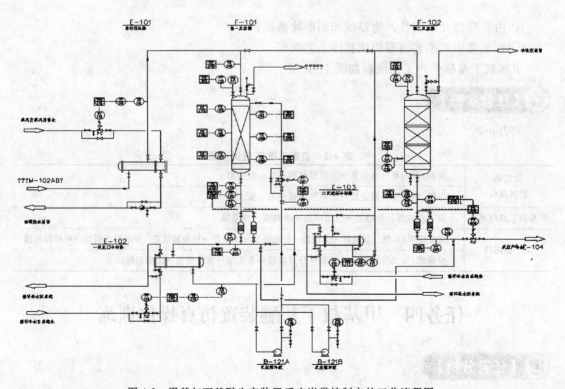

图 4-8 甲基叔丁基醚生产装置反应岗带控制点的工艺流程图

【任务实施】

见表4-3。

表4-3　任务实施工作过程

序号	训练项目	操 作 内 容
1	冷态开车	1. 甲醇罐收料 2. 碳四罐收料 3. 开甲醇泵,向混合器进料 4. 开碳四泵,向混合器进料 5. 向原料预热器进料,进料稳定后,缓慢打开蒸汽阀给原料预热,原料预热到满足工艺条件 6. 反应器进料
2	正常运行	控制反应器压力、反应温度、碳四流量、甲醇流量在设定值范围内,维持正常操作
3	正常停车	1. 关闭反应预热器蒸汽 2. 切断反应器碳四进料,停碳四进料泵。 3. 切断反应器甲醇进料,停甲醇进料泵。 4 加大循环反应器外循环量,反应器加速降温 5. 反应器置换、放空
4	事故处理	反应器压力高
		反应器压力低
		反应温度高
		反应温度低

综 合 评 价

对于情境四的综合评价见表4-4所示。

表4-4　项目评价表

序号	评价项目	评 价 要 点
1	绘制工艺流程框图	能反映出主要生产岗位
		能体现出主要物料走向
2	分析主要岗位生产任务	能指出甲基叔丁基醚生产主要岗位名称及岗位任务
		能分析主要岗位的操作要点及主要设备结构特征
3	识读生产工艺流程图	能描述生产装置的主要物料走向
		能识读整体工艺流程
4	装置仿真操作训练	能独立完成装置的开、停车操作训练任务
		在规定时间内,完成装置冷态开车操作,机考成绩达合格

任 务 拓 展

查阅资料了解 C-烷基化和 N-烷基化方法生产其他精细化工产品。

苯胺的合成

任务　实验室合成苯胺

【任务介绍】

学校与某企业进行的校企合作项目中，使用硝基苯合成的下一步重要中间体就是苯胺，因此拟定在本校实验室合成苯胺以继续进行后续工作。

【任务分析】

苯胺是通过硝基苯还原的方法合成，还原的方法有氢化还原、化学还原和电解还原，实验室可以采用氢化还原或化学还原进行苯胺的合成，本次任务是采用化学还原的方式完成苯胺的合成，需选择合适的还原剂、还原条件、实验仪器，并完成实验仪器安装，合成出合格产品。

【相关知识】

一、认识苯胺

1. 性质

（1）苯胺名称

中文名称：阿尼林，阿尼林油，氨基苯。

英文别名：Aniline，Aminobenzene，Phenylamine（aniline）。

（2）物理性质

苯胺是苯分子中的一个氢原子为氨基取代而生成的化合物，为无色或浅黄色透明油状液体，有特殊气味和灼烧味。分子式 $C_6H_5NH_2$，是最简单的一级芳香胺。熔点 $-6.3℃$，沸点 $1.84℃$，相对密度 1.02（$20/4℃$），相对分子质量 93.128，加热至 $370℃$ 分解。稍溶于水，1g 溶于 28.6mL 水、15.7mL 沸水。易溶于乙醇、乙醚等有机溶剂，能与乙醇、氯仿、苯和大多数有机溶剂混溶。能溶解碱或碱土金属并放出氢生成苯胺化合物。暴露于空气中或日光下变为棕色。可用水蒸气蒸馏，蒸馏时加入少量锌粉以防氧化。提纯后的苯胺可加入 $10\sim15\,mg/kg$ 的 $NaBH_4$，以防氧化变质。

苯胺能随水蒸气挥发，与酸反应形成盐。0.2mol 水溶液 pH 为 8.1，相对密度（$20/20℃$），熔点 $-6℃$，沸点 $184\sim186℃$，折射率（n_D^{20}）1.5863，闪点（闭杯）$76℃$。有毒，毒性中等，需小心处理。它很容易透过皮肤被吸收，引起青紫。一旦触及皮肤，先用水冲洗，再用肥皂和温水洗涤。

（3）化学性质

苯胺具有碱性，能与盐酸化合生产盐酸盐，与硫酸化合生成硫酸盐。能起卤化、乙酰化、重氮化等作用。遇明火、高热可燃烧。与酸类、卤素、醇类、胺类发生强烈反应，甚至会引起燃烧。

2. 用途

苯胺是重要的化工原料，以它为原料能生产较重要的有机化工产品达 300 多种，主要用于医药和橡胶硫化促进剂、有机合成，染料制造等，也是制造树脂和涂料的原料。苯胺是染料工业中最重要的中间体之一，在染料工业、有机颜料方面、印染工业中均应用广泛；在农药工业中用于生产许多杀虫剂、杀菌剂如 DDV、除草醚、毒草胺等；是橡胶助剂的重要原料，用于制造防老剂、促进剂等；也可作为医药磺胺药的原料，同时也是生产香料、塑料、清漆、胶片等的中间体；并可作为炸药中的稳定剂、汽油中的防爆剂以及用作溶剂；其他还可以用作制造对苯二酚、2-苯基吲哚等。

二、苯胺的生产方法

1. 认识还原反应

还原反应是在还原剂作用下，有机物分子中增加氢原子或减少氧原子，或两者兼而有之的反应。还原反应在精细有机合成中占有重要的地位。例如，利用还原反应可将含硝基、亚硝基、羟氨基、偶氮基的化合物转变为胺类、联苯胺等。

根据还原的原理、还原剂等，还原分为化学还原、催化氢化和电解还原等。

2. 化学还原

化学还原法是使用化学物质作为还原剂的方法。此法虽然消耗化学物质，成本较高，废物排放量较大，但是其选择性好，条件温和，工艺简单，仍是还原生产使用的重要方法之一。

（1）活泼金属及其合金还原

使用易给出电子的金属及其化合物进行还原，通过电子的传递实现。

① 用铁粉还原。铁粉还原又名培琴普（Bechamp）法还原。铁粉在酸（如盐酸、硫酸、乙酸等）中，或在盐类电解质（如 $FeCl_2$、NH_4Cl 等）的水溶液中，可以将芳香族硝基、脂肪族硝基或其他含氮的基团（如亚硝基、羟氨基）还原成相应的氨基。其还原能力较强，常用于硝基化合物的还原。铁粉还原法一般对被还原物中所含的卤素、烯基、羰基等基团无影响，所以它是一种选择性还原剂。

在电解质溶液中用铁粉还原方法工艺简单、适用范围广、副反应少、对反应设备要求低，且铁粉价格低廉，因此目前仍有不少硝基物还原成胺采用这种方法。其最大缺点是生成大量含芳胺的铁泥（Fe_3O_4）和废水，如果不及时处理会对环境造成很大的污染。因此一些产量较高或毒性较大的芳胺正逐步改为加氢还原法生产。

a. 铁粉还原化学过程。铁粉在 $FeCl_2$、NH_4Cl 等盐类电解质存在下，在水介质中使硝基化合物还原为氨基化合物，由下列两个基本反应来完成：

$$ArNO_2 + 3Fe + 4H_2O \longrightarrow ArNH_2 + 3Fe(OH)_2 \tag{5-1}$$

$$ArNO_2 + 6Fe(OH)_2 + 4H_2O \longrightarrow ArNH_2 + 6Fe(OH)_3 \tag{5-2}$$

所生成的二价铁和三价铁转变成黑色的磁性氧化铁，总还原方程式为：

$$4ArNO_2 + 9Fe + 4H_2O \longrightarrow 4ArNH_2 + 3Fe_3O_4 \tag{5-3}$$

同时，在电解质溶液中的铁粉还原反应也是个电子得失的转移过程。铁粉是电子的供给者，电子向硝基转移，使硝基化合物产生负离子游离基，然后与质子供给者（如水）提供的质子结合形成还原产物。

b. 影响因素。

• 被还原物的结构。若芳环上有吸电子基存在，硝基中氮原子的亲电能力增强，还原反应容易进行，反应温度可较低；当芳环上有供电子基存在时，硝基中氮原子上氮原子的亲电能力降低，从而使还原反应较难进行，这时反应温度要较高，需保持反应在沸腾回流下进行。

• 铁粉的品质和用量。铁粉的物理状态和化学状态对反应有很大的影响。工业上常用洁净、细粒、质软的灰铸铁作还原剂，一般采用 $60\sim100$ 目的铁粉粒度较为合适，粒度太细给后处理带来困难。铁粉用量与硝基物摩尔比理论上为 $1:2.25$，实际用量为 $(3\sim4):1$，过量多少与铁粉质量及粒度大小有关。

• 介质。用铁粉还原硝基物一般以水为介质，水又是还原反应中氢的来源，为了保证有效搅拌，加强反应中的传热、传质，一般用过量的水，但水量过多则会降低设备的生产能力，通常硝基物与水的物质的量比为 $1:(50\sim100)$。对于一些活性较低的化合物，可加入甲醇、乙醇、吡啶等能与水互溶的溶剂，以利于还原反应进行。

• 电解质。铁粉还原过程中，电解质的存在可提高溶液的导电能力，加速铁的腐蚀过程，因此还原速率取决于电解质的性质和浓度。表 5-1 列出了不同的电解质对还原反应速率的影响。

表 5-1 不同电解质对苯胺产率的影响

电解质	苯胺产率/%	电解质	苯胺产率/%
NH_4Cl	95.5	$MgCl_2$	68.5
$FeCl_2$	91.3	$NaCl$	50.4
$(NH_4)_2SO_4$	89.2	Na_2SO_4	42.4
$BaCl_2$	87.3	CH_3COONa	10.7
$CaCl_2$	81.3	$NaOH$	0.7

注：电解质浓度 $0.78mol/L$，还原时间 $30min$。

通常 $1mol$ 硝基物用 $0.1\sim0.2mol$ 的电解质，其质量浓度约 3%。工业生产上常使用 NH_4Cl 和 $FeCl_2$ 为电解质。使用 $FeCl_2$ 电解质时，是通过还原反应前在反应器中加入少量铁粉和盐酸来制得的，这就是所谓的"铁的预蚀"过程。

c. 适用范围

铁粉还原法的适用范围较广，在很大程度上并非取决于还原反应本身，而是取决于还原产物的分离。还原产物的分离按芳胺性质不同而采用不同的分离方法。

• 容易随水蒸气蒸出的芳胺，如苯胺、邻或对甲苯胺、邻或对氯苯胺等；

• 易溶于水且可以蒸馏的芳胺，如间苯二胺、对苯二胺、2,4-二氨基甲苯等；

• 能溶于热水的芳胺，如邻苯二胺、邻氨基苯酚、对氨基苯酚等；

• 含有磺酸基或羧酸基等水溶性基团的芳胺，如 1-氨基萘-8-磺酸（周位酸）、1-氨基萘-5-磺酸（劳伦酸）等；

• 难溶于水而挥发性又很小的芳胺，如 1-萘胺、2,4,6-三甲基苯胺等；

• 多硝基物的部分还原。有文献报道二硝基苯衍生物用铁粉还原法可在适当条件下只还原一个硝基，突破了认为铁粉还原法仅适用于硝基的完全还原的传统观点。如 1,2-二甲氧基-4,5-二硝基苯在醋酸介质中回流 $13min$ 可得 4,5-二甲氧基-2-硝基苯胺，收率为 74%。

② 用锌与锌汞齐还原

在中性、酸性和碱性条件下，锌粉可将硝基、亚硝基、氰基、羰基、烯键、碳卤键、碳硫键等基团还原。锌粉还原性与介质酸碱性有关，在中性或弱碱性介质中，还原产物为苯基羟胺；在强碱性介质中还原为氧化偶氮苯、氢化偶氮苯；在酸性介质中，氢化偶氮苯可重排为联苯胺衍生物。利用此方法，可以合成一系列联苯胺衍生物。

强酸性条件下，锌或锌汞齐能使醛或酮的羰基还原成甲基或亚甲基，即克莱门森还原（Clemmensen）。利用此反应可合成相对分子质量较大的烷烃、芳烃和多环化合物，产率较高。若羰基化合物含有羧基、酯基、酰胺基、孤立双键等基团，在反应过程中不受影响，但含有硝基或其他与羰基共轭的双键，将同时被还原成氨基或烷基。对于 α-酮酸及其酯类，可选择性将其羰基还原成羟基。

由于在强酸性条件下还原，此法不宜用于对酸敏感的羰基化合物还原，如含有吡咯、呋喃环等基团的羰基化合物。

③ 用钠与钠汞齐还原

以醇为质子供体，钠与钠汞齐可将羧酸酯还原为相应的伯醇，酮还原为仲醇，主要用于高级脂肪酸酯的还原。例如：

$$RCOOC_2H_5 \xrightarrow{Na,C_2H_5OH} RCH_2OH + C_2H_5ONa \tag{5-4}$$

在无供质子剂的条件下，双分子酯还原生成 α-羟基酮：

$$2ROOCR' \xrightarrow{Na} \underset{OH}{\overset{\overset{\displaystyle O}{\|}}{R-C-R}} \tag{5-5}$$

（2）含硫化合物还原

使用能够传递一对电子的物质进行还原反应。此类反应分为两步：首先还原剂自身的一对电子和被还原物共享，然后共享此对电子的物质从介质中获取质子，生成还原产物。

硫化碱是比较温和的还原剂，主要有硫化钠（Na_2S）、硫氢化钠（$NaHS$）、硫化铵 [$(NH_4)_2S$]、多硫化钠（Na_2S_x，硫化指数 x 为 1～5）。用于硝基化合物的还原，特别是多硝基化合物的部分还原，例如选择性还原硝基偶氮化合物的硝基，而不影响偶氮基。

反应为：

$$ArNO_2 + S_2^{2-} + H_2O \longrightarrow ArNH_2 + S_2O_3^{2-} \tag{5-6}$$

在还原过程中，硫化物提供电子。用 Na_2S 还原时，S^{2-} 进攻硝基氮原子，用 Na_2S_2 还原时，S_2^{2-} 进攻硝基氮原子，S_2^{2-} 的还原速率比 S^{2-} 快。

用不同硫化物还原，反应介质的 pH 值的差别较大。表 5-2 是硫化物在 0.05mol/L 水溶液中的 pH 值。

表 5-2 各种硫化物在 0.05mol/L 水溶液中的 pH 值

硫化碱	pH 值	硫化碱	pH 值	硫化碱	pH 值
Na_2S	12.6	Na_2S_3	12.3	Na_2S_5	11.8
Na_2S_2	12.5	Na_2S_4	11.5	$(NH_4)_2S$	<11.2

用 Na_2S 还原生成的 $NaOH$，使介质 pH 值升高，促使双分子还原生成氧化偶氮化合物、偶氮化合物、氢化偶氮化合物。加入 NH_4Cl、$MgSO_4$、$MgCl_2$、$NaHCO_3$ 等，降低介质 pH 值，可避免上述副反应。

被还原物芳环上的吸电子取代基有利于还原反应，供电子取代基则不利于还原反应。例如间二硝基苯的还原，第一个硝基的被还原速率比第二个硝基还原要快 1000 倍以上。故选择适当条件，可实现多硝基化合物的部分还原。

（3）金属复氢化物还原

金属复氢化物是能够传递负氢离子的物质，例如氢化铝锂（$LiAlH_4$）、硼氢化钠（$NaBH_4$）、硼氢化钾（$NaKH_4$）等，应用最多的是 $LiAlH_4$、$NaBH_4$。这类还原剂选择性好、副反应少、还原速率快、条件较温和、产品产率高，可将羧酸及其衍生物还原成醇，羰基还原为羟基，也可还原 $\diagdown C=N-OH$、氰基、硝基、卤甲基、环氧基等，能还原碳杂不饱和键，而不能还原碳碳不饱和键。

$LiAlH_4$ 是还原性很强的金属复氢化物，用 $LiAlH_4$ 还原可获得较高收率。氢化铝锂的制备是在无水乙醚中，由 LiH_4 粉末与无水 $AlCl_3$ 反应制得。

在水、酸、醇、硫醇等含活泼氢的化合物中，$LiAlH_4$ 易分解。因此用氢化铝锂还原，要求使用非质子溶剂，在无水、无氧和无二氧化碳条件下进行。无水乙醚、四氢呋喃是常用的溶剂。

$LiAlH_4$ 价格较高，仅限实验室使用。

（4）用异丙醇铝-异丙醇还原

醛、酮化合物的专用还原剂，可将羰基还原为羟基，而不影响被还原物分子中的不饱和键、卤基、硝基、氰基、环氧基、缩醛、偶氮基等官能团，反应选择性好，异丙醇铝是催化剂，异丙醇是还原剂和溶剂。此类还原剂还有乙醇铝-乙醇、丁醇铝-丁醇等。

3. 催化氢化

催化氢化按其反应类型可分为氢化（加氢）反应和氢解反应。

氢化是指氢分子加成到烯基、炔基、羰基、氰基、芳环类等不饱和基团上使之成为饱和键的反应，它是 π 键断裂与氢加成的反应。氢解是指有机化合物分子中某些化学键因加氢而断裂，分解成两部分氢化产物，它是 σ 键断裂并与氢结合的反应。通常容易发生氢解的有碳-卤键、碳-硫键、碳-氧键、氮-氮键、氮-氧键等。

催化氢化的优点是反应易于控制、产品纯度较高、收率较高、三废少，在工业上已广泛采用。缺点是反应一般要在带压设备中进行，因此要注意采取必要的安全措施，同时要注意选择适宜的催化剂。利用不同的催化剂和控制不同的反应条件可达到选择性还原的目的。

在工业生产上目前采用两种不同的工艺：液相催化氢化法和气相催化氢化法。

（1）液相催化氢化

液相催化氢化是在液相介质中进行的催化氢化。实际上它是气-液-固多相反应。它不受被还原物沸点的限制，适应范围广泛。

① 液相催化氢化过程。液相催化氢化的基本过程是：吸附-反应-解吸。

a. 反应物扩散到催化剂表面、发生物理和化学吸附，形成络合物；

b. 吸附络合物之间发生化学反应；

c. 产物的解吸和扩散，离开催化剂表面。

液相催化氢化为非均相反应。由于在催化剂表面的氢化反应速率很快，所以总的氢化反应速率往往受气、液、固三相之间的传质所控制，其中包括搅拌效率、溶剂黏度、催化剂相对密度、压力等对传质有重要的影响。

② 催化剂。液相催化氢化使用的催化剂通常有下几种分类方法。

a. 按金属性质分类，可分为贵金属系和一般金属系。贵金属系大多数属于元素周期表中第Ⅷ族，以铂、钯为主，近年也出现了含铑、铱、锇、钌等金属催化剂。一般金属系主要是镍、铜等。

b. 按催化剂的制法分类，可分为纯金属粉、骨架型、氢氧化物、氧化物、硫化物以及金属-载体型等，其中最重要的是骨架型和载体型。目前使用较多的有骨架镍及钯-碳（Pd-C）催化剂。

现将催化剂按制法分类列于表 5-3。

表 5-3　各类加氢还原用催化剂

类型	常用的金属	制　法	应用举例
还原型	Pt、Pd、Ni	金属氧化物用氢还原	铂黑、钯黑
甲酸型	Ni、Co	金属甲酸盐热分解	镍粉
骨架型	Ni、Cu	用 NaOH 溶出金属-铝合金中的铝	骨架镍
沉淀型	Pd、Pt、Ph	金属盐水溶液用碱沉淀	胶体钯
硫化物型	Mo	用 H_2S 沉淀金属盐溶液	硫化钼
氧化物型	Pt、Pd、Re	金属氯化物以硝酸钾熔融分解	PtO_2
载体型	Pt、Pd、Ni	用活性炭、二氧化硅等浸渍金属盐，再还原	Pd-C

③ 影响因素。

a. 被氢化物的结构和性质。被氢化物的结构和性质是影响催化氢化反应的重要因素。氢化反应的难易受被氢化物向催化剂表面活性中心扩散的难易所控制。空间位阻效应大的化合物很难扩散到、甚至不能靠近活性中心，因此反应较难进行。为了克服位阻效应对氢化反应的不利影响，使氢化反应顺利进行，通常要提高反应温度和反应氢压。

被氢化物的结构和性质对氢化反应的影响分为下列几类。

• 不饱和烃、芳烃、醛、酮、腈、硝基化合物、苄基化合物、稠环化合物、羧酸衍生物等有机化合物均可进行催化氢化，难易次序如下：

酰氯＞硝基＞炔＞醛＞烯＞酮＞醚＞腈＞酯＞酰胺

• 各种官能团单独存在时，其反应性如下：

芳香族硝基＞碳-碳三键＞碳-碳双键＞羰基，脂肪族硝基＞芳香核

在烃类化合物中：

直链烯烃＞环状烯烃＞萘＞苯＞烷基苯＞芳烷基苯

b. 催化剂的选择和用量。催化剂的选择应考虑被氢化物的性质以及反应设备条件。

催化剂的用量与被氢化物的类型、催化剂的种类、活性及反应条件等多种因素有关。一般在低压氢化时催化剂用量较大，有毒物存在时要适当加大催化剂用量，催化剂的活性高时其用量可适当减少。使用低于正常量的催化剂可提高其选择性。增加催化剂用量可大大加快反应速率，因此在催化氢化中不允许任意加大催化剂用量，以避免氢化反应难以控制。具体应用时要根据实验结果来确定催化剂的最佳用量，保证反应能安全进行。

c. 温度和压力。当催化剂的活性较高时，提高反应温度往往会引起副反应的发生，使选择性降低。催化剂的活性和寿命、反应物及产物的热稳定性也与温度有关。在达到要求的前提下尽可能选择较低的反应温度。一般情况下，使用铂、钯等催化剂时，大多数氢化反应可在较低的温度和压力下进行。

氢压增大即氢的浓度增大，也使反应物向催化剂活性中心扩散速度变快，因而可加快反

应速率，但压力增大会使反应的选择性降低，有时甚至会出现危险。氢化压力与所用的催化剂有关。例如，含烯键、羰基的化合物用 Pt-C 作催化剂在常压下即可完成，而骨架镍需在 2~5MPa 下进行。

d. 溶剂和介质的酸碱性。溶剂的极性、介质的酸碱性以及溶剂对反应物和氢化产物的溶解度等均能影响氢化反应。这主要是因为溶剂的存在使反应物的吸附特性发生改变，也可改变氢的吸附量，也会引起催化剂表面状态的改变，可使催化剂分散得更好，有利于传质。

对于氢解反应，特别是含杂原子化合物的氢解时，最好选用质子溶剂。而芳香烃和烯烃的氢化选用非质子溶剂有利。一般说来，氢化反应大多在中性介质中进行，而氢解反应则在酸性或碱性介质中进行。例如加碱可以促使碳-卤键氢解，加少量酸可以促使碳氮键、碳氧键氢解。

e. 搅拌和装料系数。氢化反应为非均相反应，良好的搅拌一方面影响催化剂在反应介质中的分布情况，影响传质面积，对加速氢化反应有重要作用；另一方面氢化反应是放热反应，搅拌有利于传热，防止局部过热现象的发生，同时还可减少副反应的发生和提高反应的选择性。

④ 液相催化氢化反应器。根据反应压力不同，氢化反应器可以分为常压、中压、高压三种。

常压（或稍高于常压）氢化反应器只能适用于常压氢化。使用这类装置时，因一般氢化反应速率较慢，需要使用活性较高的铂、钯等贵金属催化剂。常压氢化反应器应用范围不广。中压氢化反应器多数用不锈钢制成或衬套用不锈钢制成。它效率较好，有时使用铂、钯等贵金属催化剂，也可采用高活性的骨架镍为催化剂，应用范围较广。高压氢化反应器多为高压釜。它是由厚壁不锈钢制成或衬套用不锈钢制成，除具有耐高强度外还具有良好的耐腐蚀性能。使用高压釜时应特别注意安全。

根据催化剂状态，工业上氢化反应器可以分为三种。

a. 泥浆型反应器。带有搅拌器的间歇或连续的反应釜、鼓泡塔及立管式反应器均属于这类反应器，使用的粉状催化剂处于悬浮或流动状态。

• 搅拌式反应釜：属于间歇或连续操作的氢化装置，一般是加压操作。加氢反应要求高速搅拌，而由于氢的渗透力很强，这给搅拌轴的密封造成了一定的困难，选择搅拌器的型式是个关键性问题。涡轮式搅拌器能达到气相分散、固相悬浮的较好效果，也有采用由几层搅拌叶构成而每层的搅拌叶形式又不同的复合式搅拌器。对于一些小批量的精细化工产品，反应器容积约在 50L 时，可采用振荡式或摇摆式间歇高压釜进行氢化反应，可简化设备的制造和安装。除此之外，也可采用磁力搅拌器来克服密封的困难。

• 鼓泡塔式反应器：在中等压力（约几兆帕）或较高压力（几十兆帕）下进行的催化氢化反应，采用间歇操作的鼓泡塔式反应器较多。依靠向塔内通入高速的氢气流保证塔内良好的传质，因此可以避免轴的密封困难。这样比搅拌式反应釜易加工，造价也低，适合于中小规模的生产。塔内通入的氢气量大大超过反应需要量，过量未反应的氢要循环使用。鼓泡塔底的形式与进气喷头结构对于保持良好的传质及防止固体颗粒沉底有着重要影响。

• 立管式泥浆型反应器：气、液、固三相并流连续送入反应器，并从反应系统中连续排出，生产能力大。

b. 固定床反应器。由于氢化催化剂性能的不断提高，使用固定床反应器日渐增多。按气液两相的流向和分布状态，固定床反应器可分为两种，即淋液型及鼓泡型。淋液型应用较多，气液两相并流向下，固体表面全部或部分被"淋湿"。

固定床反应器操作控制方便，生产能力大，但反应器制造维修技术难度较高，而且要用选择性高、寿命长、易再生的催化剂，催化剂的装卸也比较复杂，催化剂表面可能结焦。

c. 流化床反应器

流化床反应器是采用微球型或挤条型催化剂。气液两相从反应器底部进入反应器，在反应过程中催化剂在反应器内处于悬浮状态。这种反应器克服了固定床反应器内可能出现的催化剂结焦，制造难度较大以及装卸复杂等缺点。图 5-1 为流化床反应器。

流化床反应器主要构件是壳体、气体分布器、热交换器、催化剂回收装置。有时为了减少返混并改善流化质量，还在催化剂床层内附加挡板或挡网等内部构件。

（2）气相催化氢化

气相氢化是反应物在气态下进行的催化氢化，实际上它是气-固相反应。它仅适用于易汽化的有机化合物，而且在反应温度下反应物和产物均要求要稳定。

① 催化剂。气相氢化使用的催化剂主要是铜系催化剂和硫化物系催化剂。铜系催化剂是普遍使用的一类催化剂，最常使用的是 $Cu-SiO_2$（硅胶）载体型催化剂及铜-浮石、$Cu-Al_2O_3$。硫化物系催化剂，如 NiS、MoS_3、WS_3、CuS 等，具有抗中毒能力，是一类有希望的催化剂。

② 气相催化氢化反应器。从传热角度，气体传热比液体相差很多，因此解决传热问题是气相加氢反应器的一个重要方面。

图 5-2 为气相加氢反应器。对于强放热加氢反应的强化传热可以采用流化床反应器，因为流化床的传热系数是固定床的 10 倍左右，这样可以解决气相加氢的传热问题，但流化床对催化剂的耐磨机械强度要求较高。

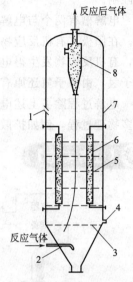

图 5-1　流化床反应器
1—加催化剂口；2—预分布器；
3—分布板；4—卸催化剂口；
5—内部构件；6—热交换器；
7—壳体；8—旋风分离器

4. 电解还原

电解还原也是一种重要的还原方法，目前已有一些产品利用电解还原实现了工业化，如丙烯腈电解还原方法制备己二腈，硝基苯还原制备对氨基酚、苯胺、联苯胺等。但是电解对于固定床反应器，有三种形式可供采用。对于热效应很高的反应，采用列管式反应器，以利于反应热的及时移出，如硝基还原，芳环加氢反应。但其生产能力小，反应器结构复杂不便检修。若反应的热效应不是很大时，可采用多段反应器，在段间进行换热。这种反应器的容积效率高，生产能力较大。在高压加氢系统中可采用类似合成氨的合成塔形式的反应器。

还原仍受到能源、电极材料、电解槽等条件

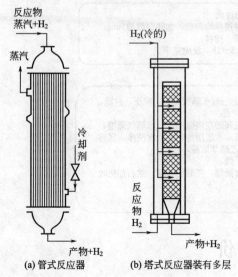

图 5-2　气相加氢反应器

的限制。

电解槽有两个与电解液相接触的电极。电解还原反应是在电极与电解液的界面上发生的。在阳极，有机反应物 R—H 发生失电子作用（氧化作用），转变为正离子自由基；在阴极，有机反应物发生得电子作用（还原作用）而转变为负离子自由基。氢离子得到电子形成原子氢，由原子氢还原有机化合物。

电解过程除了上述电极表面发生的电化学反应和电解液中发生的化学反应以外，还涉及许多物理过程，例如扩散、吸附和脱附。

【任务实施】

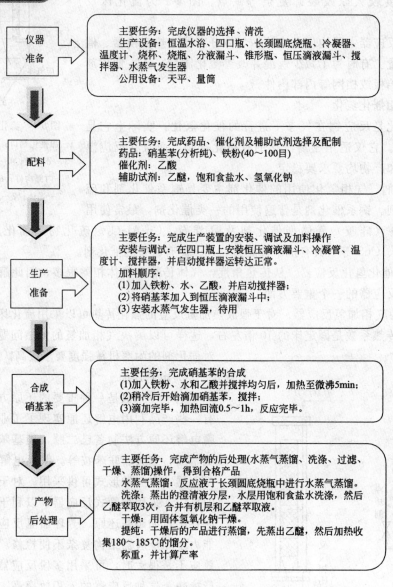

仪器准备
主要任务：完成仪器的选择、清洗
生产设备：恒温水浴、四口瓶、长颈圆底烧瓶、冷凝器、温度计、烧杯、烧瓶、分液漏斗、锥形瓶、恒压滴液漏斗、搅拌器、水蒸气发生器
公用设备：天平、量筒

配料
主要任务：完成药品、催化剂及辅助试剂选择及配制
药品：硝基苯(分析纯)、铁粉(40～100目)
催化剂：乙酸
辅助试剂：乙醚，饱和食盐水、氢氧化钠

生产准备
主要任务：完成生产装置的安装、调试及加料操作
安装与调试：在四口瓶上安装恒压滴液漏斗、冷凝管、温度计、搅拌器，并启动搅拌器运转达正常。
加料顺序：
(1)加入铁粉、水、乙酸，并启动搅拌器；
(2)将硝基苯加入到恒压滴液漏斗中；
(3)安装水蒸气发生器，待用

合成硝基苯
主要任务：完成硝基苯的合成
(1)加入铁粉、水和乙酸并搅拌均匀后，加热至微沸5min；
(2)稍冷后开始滴加硝基苯，搅拌；
(3)滴加完毕，加热回流0.5～1h，反应完毕。

产物后处理
主要任务：完成产物的后处理(水蒸气蒸馏、洗涤、过滤、干燥、蒸馏)操作，得到合格产品
水蒸气蒸馏：反应液在长颈圆底烧瓶中进行水蒸气蒸馏。
洗涤：蒸出的澄清液分层，水层用饱和食盐水洗涤，然后乙醚萃取3次，合并有机层和乙醚萃取液。
干燥：用固体氢氧化钠干燥。
提纯：干燥后的产品进行蒸馏，先蒸出乙醚，然后加热收集180～185℃的馏分。
称重，并计算产率

综 合 评 价

对情境五的综合评价见表 5-4 所示。

表 5-4　项目评价表

序号	评价项目	评 价 要 点
1	认识苯胺	了解苯胺的理化性质和毒性
		认识苯胺的用途
2	铁粉还原法制备苯胺	掌握铁粉还原法制备苯胺的原理
		掌握铁粉还原法制备苯胺的影响因素
3	催化氢化法制备苯胺	掌握催化氢化法制备苯胺的原理
		掌握催化氢化法制备苯胺的影响因素和生产流程
4	其他合成苯胺方法	了解锌汞齐、钠汞齐还原苯胺的方法
		了解含硫化合物还原苯胺的方法
5	实验室合成苯胺	实验室合成苯胺的实际操作
		实验室合成苯胺的预习报告、实验记录和实验报告

知 识 拓 展

查阅硝基苯氢化还原制备苯胺的资料。

邻苯二甲酸酐的生产

任务一　绘制邻苯二甲酸酐生产的工艺流程框图

邻苯二甲酸酐，中文别名：苯酐，1,2-苯二甲酸酐。是一种重要的有机原料，广泛应用于增塑剂、染料、医药、食品添加剂、农业等行业。

【任务介绍】

某石化公司化工生产车间苯酐装置新分配来一名高职学院毕业的学生，在班组先见习，在班长的指导下，学习苯酐装置相关理论知识及岗位的生产操作，考核达标后，定岗，转为正式职工。

具体任务：

① 绘制甲基叔丁基醚生产工艺流程框图；

② 分析主要生产岗位的任务及生产操作；

③ 识读甲基叔丁基醚装置的生产工艺流程图；

④ 甲基叔丁基醚装置仿真操作训练。

【任务分析】

进入苯酐的生产装置，要了解苯酐生产装置的基本情况，主要有本装置的生产原料、苯酐的用途及装置的主要构成，能绘制出装置的工艺流程框图。

【相关知识】

1896 年，德国巴登苯胺纯碱公司首先提出由萘液相氧化制苯酐的方法。1920 年德国冯海登化学公司建立由萘气相催化氧化制苯酐的生产装置；但萘来源有限，价格较贵，使苯酐发展受到限制。石油化工的发展提供了大量价廉的邻二甲苯。以邻二甲苯为原料生产苯酐，产品的碳原子数和原料碳原子数一样，与萘作原料相比消除了氧化降解，减少氧气需要量及反应放热量，因而促使开展邻二甲苯氧化制苯酐的研究，1945 年美国首先实现该法的工业化生产。以后，催化剂的不断改进以及新的高负荷、高原料空气比和高产率催化剂的采用，大大提高了经济效益，现各国均主要采用此法生产苯酐。目前全球苯酐的 80% 左右由邻二甲苯为原料生产。

一、邻苯二甲酸酐产品展示

它是白色鳞片状固体及粉末，或白色针状晶体，产品采用袋装或桶装销售。如图 6-1 所示。

图 6-1 苯酐产品

二、邻苯二甲酸酐性能及用途

1. 邻苯二甲酸酐的性质

分子式：$C_8H_4O_3$

结构式：

相对分子质量：148.12

性状：具有特殊气味的白色针状晶体，在空气中易氧化而常呈粉红色。相对密度 1.527（4℃），熔点 130.8℃，沸点 284.5℃，易升华。微溶于冷水，易溶于热水并水解为邻苯二甲酸。溶于乙醇、苯和吡啶，微溶于乙醚。

2. 邻苯二甲酸酐的用途

邻苯二甲酸酐主要用于生产增塑剂，如邻苯二甲酸二丁酯、邻苯二甲酸二辛酯等。邻苯二甲酸酐与多元醇（如甘油、季戊四醇）缩聚生成聚芳酯树脂，用于涂料工业。若与乙二醇和不饱和酸缩聚，则生成不饱和聚酯树脂，可制造绝缘漆和玻璃纤维增强塑料。邻苯二甲酸酐也是合成苯甲酸、对苯二甲酸的原料，也用于药物合成。

三、邻苯二甲酸酐生产工艺

1. 邻苯二甲酸酐的生产原理

(1) 邻苯二甲酸酐的生产原料

① 邻二甲苯。

分子式：$C_6H_4(CH_3)_2$

结构式：

相对分子质量：106.08

性状：无色透明液体，有类似甲苯的臭味。相对密度 0.88（水＝1）、3.66（空气＝1），凝固点 -25.5℃，沸点 144.4℃，闪点 30℃，自燃点 463℃，爆炸极限 1%～7%。用作溶剂和涂料生产。易燃，其蒸气能与空气形成爆炸性混合物，遇热、明火、强氧化剂有引起燃烧爆炸的危险。其蒸气比空气重，能沿低处扩散相当远，遇明火会回燃。有麻醉性，有毒，生产车间空气中容许浓度为 100mg/m³。生产上常为邻位、间位、对位三种二甲苯的混合物。

② 氧化剂。邻二甲苯制备邻苯二甲酸酐采用邻二甲苯氧化法生产，常用的氧化方法有催化氧化法、化学氧化法、电解氧化法和化学氧化法。催化氧化法和化学氧化法是工业生产广泛采用的方法。本部分学习的内容采用的是空气催化氧化法，即采用空气为氧化剂在催化剂的存在下，邻二甲苯氧化制苯酐。

（2）生产原理

空气氧化法又分为液相空气氧化法和气相空气氧化法。液相空气氧化的实质是空气中的氧气由气相溶解进入液相，在催化剂（或引发剂）的作用下与液相中的有机物进行反应。气相空气氧化法是将有机物的蒸气与空气的混合气体在高温下通过固体催化剂，使有机物氧化生成目的产物的过程。

邻二甲苯气相氧化法制苯酐的化学反应历程较为复杂，包括一系列的平行和串联反应，且均为放热反应。

邻二甲苯气相氧化制苯酐的主反应为：

$$C_8H_{10} + 3O_2 \longrightarrow \text{（邻苯二甲酸酐）} + 3H_2O \qquad \Delta H = -1301 \text{kJ/mol}$$

邻二甲苯氧化的副反应非常复杂，主要副反应方程式为：

$$C_8H_{10} + 7.5O_2 \longrightarrow \text{（结构式）} + 4H_2O + 4CO_2 \qquad \Delta H = -3176 \text{kJ/mol}$$

$$C_8H_{10} + O_2 \longrightarrow \text{（结构式）} + H_2O \qquad \Delta H = -222 \text{kJ/mol}$$

$$C_8H_{10} + 2O_2 \longrightarrow \text{（结构式）} + 2H_2O \qquad \Delta H = -874 \text{kJ/mol}$$

$$C_8H_{10} + 6O_2 \longrightarrow \text{（结构式）} + 3CO_2 + 3H_2O$$

$$2C_8H_{10} + 6.5O_2 \longrightarrow \text{（—COOH）} + 2CO_2 + 5H_2O$$

完全燃烧反应：

$$C_8H_{10} + 10.5O_2 \longrightarrow 8CO_2 + 5H_2O \qquad \Delta H = -4573 \text{kJ/mol}$$

$$C_8H_{10} + 6.5O_2 \longrightarrow 8CO + 5H_2O$$

2. 邻苯二甲酸酐的生产特点

目前世界上邻二甲苯氧化制苯酐的主要方法大多数采用的是邻二甲苯固定床气相氧化技术。

气相催化氧化的主要应用于烷烃催化氧化、烯烃直接环氧化、烯丙基催化氧化、芳烃催化氧化；丙烯氨氧化、乙酰基氧化，如醋酸乙烯酯生产；氧氯化，如氯乙烯生产；氧化脱氢，如甲醇氧化脱氢生产甲醛、乙醇氧化脱氢生产乙醛等。

（1）气固相催化氧化的特点

① 由于固体催化剂的活性温度较高，通常在较高温度（300～500℃）下进行反应，这有利于热能的回收与利用；

② 由于反应器内物料流动速度比较快，停留时间短，反应器生产强度高，这有利于大规模连续化生产；

③ 由于气相催化氧化过程涉及扩散、吸附、脱附、表面反应等多方面因素，这对氧化工艺条件提出较高要求；

④ 由于氧化原料和空气或纯氧混合，构成爆炸性混合物，这对严格控制工艺条件、安全设施与操作等，提出了更高的要求。

由于高效催化剂的成功应用，气相催化氧化法得以广泛应用和发展，80%以上的氧化产品特别是大吨位化工产品的生产，均采用气相催化氧化法。

（2）苯酐生产的技术特点

世界上掌握苯酐技术的专利商主要有巴斯夫、瓦克、阿托菲纳、龙沙等公司。近年随着并购瓦克、日触公司的苯酐催化剂业务，巴斯夫已成为全球苯酐主要技术供应商，其催化剂市场占有率达到约80%。目前全球大部分苯酐装置都使用 V_2O_5 催化剂，居于领先水平的催化剂品种还有瓦克的 R-HY-V、R-HYHL 型、巴斯夫的 04-28 AB 型等。

苯酐催化剂技术进展主要体现在以下几方面：

① 催化剂的形状由环形改进成圆柱状的管型，增大了催化剂的有效面积，减少了反应器内的压力损失与鼓风机的电力消耗；

② 以前为了提高反应效率而添加 SO_2 的做法现在已不采用，因此可省去放空前的碱中和工段；

③ 邻二甲苯进料浓度（标态）从 $40g/m^3$ 提高到 $100g/m^3$；

④ 苯酐收率大幅提高，达到 $110\% \sim 112\%$（以邻二甲苯计）；

⑤ 检修周期由 $4 \sim 8$ 周缩短到几小时。

3. 邻二甲苯的主要工艺过程

邻二甲苯氧化制苯酐工艺流程主要包括氧化系统、凝华系统、导热油循环系统、尾气净化洗涤系统、苯酐精制系统、结片和包装系统及蒸汽与冷凝液系统等七个单元。

（1）氧化系统

邻二甲苯加热后与空气均匀混合，进入反应器进行反应，生成苯酐。

（2）凝华系统

反应后的高温气体冷却并产生蒸汽，将苯酐从反应气体中析出。

（3）导热油循环系统

导热油用于切换冷凝器的加热和冷凝及真空切换冷凝器和管子的伴热。

（4）尾气净化洗涤系统

回收尾气中含有的少量苯酐和副产物，并使尾气排放达到环保要求。

（5）苯酐精制系统

采用真空精馏分离出纯苯酐。

（6）结片和包装系统

该工艺获得的纯苯酐为液态，必须固化成合适的形态，然后包装运输。

（7）蒸汽与冷凝液系统

苯酐工艺过程除开车时需要输入蒸汽，正常运行过程中可以实现各种等级的蒸汽自给自足外，还可以输出蒸汽。工艺过程中蒸汽冷凝后的凝液仍然用于发生蒸汽。

【任务实施】

主要任务：了解装置生产技术、生产能力及主要岗位

本装置采用固定床气相催化氧化法低能耗生产工艺，邻二甲苯在V_2O_5-TiO_2催化剂作用下利用空气氧化生产邻苯二甲酸酐。具有工艺先进、环保安全、能量自足、催化剂使用寿命长、纯苯酐收率高等特点。

本装置主要生产岗位有氧化反应岗、苯酐精制岗以及其他附属岗位

主要任务：了解生产原材料及性质

邻二甲苯：邻二甲苯≥95%，邻、间、对二甲苯≥99%。

催化剂：性质物质主要成分是五氧化二钒(V_2O_5)和二氧化钛(TiO_2)吸附在环状载体上

主要任务：了解主要产品及用途

主要产品：苯酐≥99.0%。

苯酐主要用于生产邻苯二甲酸酯类增塑剂，醇酸树脂涂料，染料工业，医药工业等

主要任务：了解本装置的主要岗位构成及任务

主要岗位：氧化反应岗、苯酐精制岗及其他附属岗位等。

氧化反应岗：邻二甲苯在催化剂存在下，利用空气氧化，反应生成邻苯二甲酸酐。

苯酐精制岗：在粗苯酐中加入氢氧化钠进行预处理，使醛类聚合，苯酐进入轻组分塔分理处轻组分，再送入到纯苯酐塔，在塔顶得到纯苯酐

附属岗位：包括系统加热、蒸汽回收、抽真空、尾气净化、产品包装等系统的操作岗位

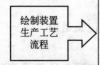

主要任务：绘制出氧化反应岗及苯酐精制岗位的原则流程图

绘制要点：1.原料邻二甲苯和空气分别预热后进入混合器；

2.邻二甲苯和空气混合后进入反应器反应，反应放出的热量由熔盐带出。

3.反应后产物进入凝华系统，得到粗苯酐，粗苯酐进入处理罐，再进入轻组分塔，脱除轻组分后的苯酐进入纯苯酐塔，在纯苯酐塔顶得到纯苯酐，液体苯酐经过固化包装，产品出厂

任务二 邻苯二甲酸酐生产的主要岗位分析

【任务分析】

在熟悉生产装置的基础上，能分析氧化反应岗和苯酐精制岗的主要任务及生产操作方法。

【相关知识】

采用固定床催化反应器邻二甲苯和空气反应生成邻苯二甲酸酐，通过凝华、精制和固化等操作得到邻苯二甲酸酐产物。

一、邻苯二甲酸酐生产工艺路线特点

1. 反应器型式

本工艺采用列管式固定床换热反应器，采用熔盐为载热体将反应过程中产生的热量移出。属于换热式固定床反应器中的外部循环式固定床反应器，列管式固定床反应器的形式见教学情境四中的任务二。

2. 反应条件控制

氧化反应是放热反应，邻二甲苯氧化制苯酐反应放热量大，且反应温度高，反应在 350～390℃温度下进行，为了维持反应在适宜的温度下进行，使用热载体可通过管壁将反应热移走。常用的热载体主要有：水、加压水（100～300℃）、导生液（联苯二苯醚混合物，200～350℃）、熔盐（如硝酸钠、硝酸钾和亚硝酸钠混合物，300～500℃）、烟道气（600～700℃）等。热载体温度与反应温度相差不宜太大，避免造成近壁处的催化剂过冷或过热，因此本氧化过程采用熔盐作为热载体。

3. 产物的分离

反应后的气体产物除苯酐外，还有顺丁烯二酸酐（马来酸酐），苯甲酸和少量的邻甲苯甲酸、苯酞、甲基顺丁烯二酸酐（柠糠酸酐）等。利用苯酐凝华的特性，先进行气体凝华，将苯酐从气体中分离出来。加入氢氧化钠预处理使副产物聚合成为重组分，预处理后的苯酐进入精馏塔精馏脱掉轻组分和重组分，得到纯液体苯酐，然后再将苯酐固化，包装。

二、邻苯二甲酸酐主要生产设备

1. 反应器的结构

氧化反应是强放热反应，反应过程中放热量大且氧化反应过程的反应温度高，对设备的材质要求高，反应过程中的热量由外部的循环熔盐带出，因为在达到反应温度后，才能使用熔盐换热，因此在反应初期需要对反应器加热到反应温度，故反应器还有一台电加热器，在开工时对反应器加热，也在临时停车时给反应器保温，如图 6-2 所示。

2. U 形翅片管式切换冷凝器

在切换冷凝器中反应气体混合物被冷凝到 60～65℃，此时苯酐全部凝华为固体，凝华结束后冷却器切换导热油，在 180℃条件下苯酐融化。完成苯酐和气体的分离。此过程在多台切换冷凝器中交替进行。

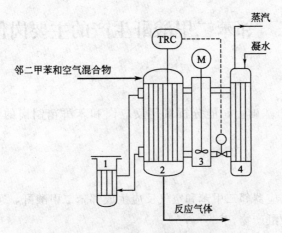

图 6-2 邻二甲苯氧化制苯酐反应器

1—电加热器；2—固定床氧化反应器；

3—熔盐泵；4—熔盐冷却器

3. 苯酐精馏塔

经过预处理后的苯酐进入轻组分塔，脱掉轻组分，苯酐自脱轻组分塔底进入纯苯酐塔，脱掉重组分，纯苯酐自塔顶排出，由于苯酐的沸点为 284.5℃，为了降低操作温度，采用减压精馏的操作方式。

轻组分塔提馏段浮阀塔板，精馏段为填料，纯苯酐塔为浮阀塔板。两塔的回流不使用回流泵，均靠液体本身的重力回流，且纯苯酐进料方式为苯酐进入到纯苯酐塔的再沸器，如图6-3 和图 6-4 所示。

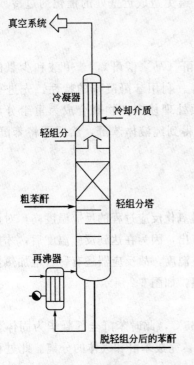

图 6-3 脱轻组分塔

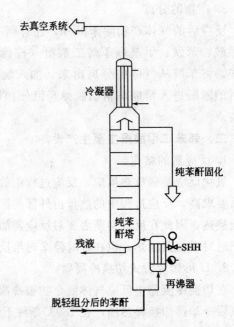

图 6-4 纯苯酐塔

【任务实施】

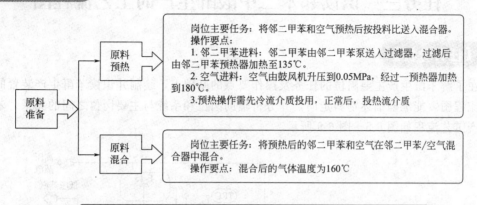

原料准备 → 原料预热

岗位主要任务：将邻二甲苯和空气预热后按投料比入混合器。
操作要点：
1. 邻二甲苯进料：邻二甲苯由邻二甲苯泵送入过滤器，过滤后由邻二甲苯预热器加热至135℃。
2. 空气进料：空气由鼓风机升压到0.05MPa，经过一预热器加热到180℃。
3. 预热操作需先冷流介质投用，正常后，投热流介质

原料准备 → 原料混合

岗位主要任务：将预热后的邻二甲苯和空气在邻二甲苯/空气混合器中混合。
操作要点：混合后的气体温度为160℃

合成反应

岗位主要任务：负责将反应温度控制在目标范围内进行反应。
操作要点：
1. 邻二甲苯和空气以160℃进入反应器，反应过程中反应温度控制在350～390℃范围内进行反应。控制的目标温度根据催化剂的活性和反应结果而定。
2. 通过调整循环熔盐控制阀的开度来控制熔盐去熔盐冷却器的流量，从而控制反应器温度。
3. 循环熔盐温度控制在350～390℃，且要求熔盐温度稳定，熔盐的温差控制在±1℃

反应产物分离 → 凝华操作

岗位主要任务：将反应后气体冷却，降温，使反应气体中的苯酐通过切换冷凝方式，凝华下来，冷却放出的热量用于发生蒸汽，凝华后的苯酐混合物再通过导热油加热融化卸载，送入粗苯酐中间罐待精馏分离
操作要点：
1. 凝华温度：切换冷凝器的温度控制在60～65℃，以保证苯酐全部被凝华下来。
2. 苯酐卸载温度：在切换冷凝器中苯酐用切换来的180℃左右的导热油熔化进入粗苯酐中间罐待分离。
3. 切换冷凝器的切换操作：采用四台切换冷凝器三台处于负载（即凝华），另外一台卸载（熔化）

反应产物分离 → 苯酐精制操作

岗位主要任务：将粗苯酐中醛类和其他重组分脱除，通过脱轻组分塔和纯苯酐塔对苯酐精馏得到纯苯酐(液体)。
操作要点：
1. 预处理：将预冷凝器来的粗苯酐加热后和切换冷凝器来的粗苯酐均送到预处理罐。预处理罐中加入氢氧化钠溶液，使醛类聚合成高沸点组分。预处理罐温度正常控制在280℃。
2. 脱轻组分塔：塔压控制在13.4kPa，塔顶温度控制在195℃，塔釜温度正常控制在195℃，回流比100～250，回流量3.5m³/h。
3. 纯苯酐塔：塔压控制在13.4kPa，塔顶温度控制在185～200℃，塔釜温度控制在185～200℃，回流比回流比大约0.5，回流量3～7m³/h

反应产物分离 → 产品固化操作

岗位主要任务：将纯苯酐塔底出来的纯苯酐通过冷却、冷凝，液体苯酐冷凝成固体，并包装。
操作要点：
1. 冷却温度：纯苯酐塔底出来的液体苯酐冷却到150℃，进入结片机。
2. 冷凝温度：冷凝温度应低于苯酐的熔点，结片机使用循环冷却水，使苯酐固化

任务三　识读邻苯二甲酸酐生产的工艺流程图

【任务分析】

　　在了解苯酐生产主要岗位的任务及操作要点的基础上，绘制并识读苯酐生产装置的生产工艺流程图，能准确描述物料走向，并分析辅助岗位和系统与主要岗位之间的关系。苯酐装置生产工艺流程如图 6-5～图 6-9 所示。

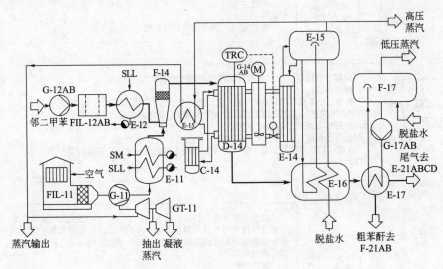

图 6-5　苯酐氧化反应系统

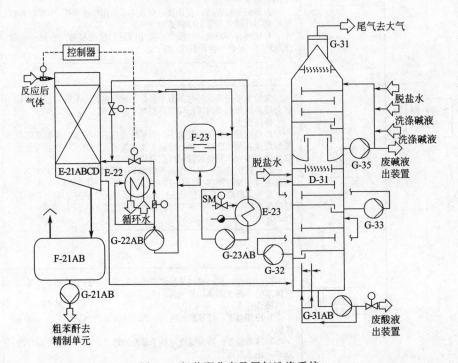

图 6-6　粗苯酐分离及尾气洗涤系统

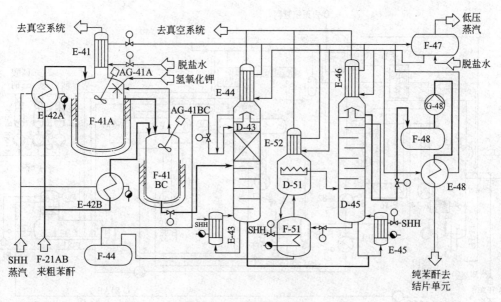

图 6-7 粗苯酐精制系统

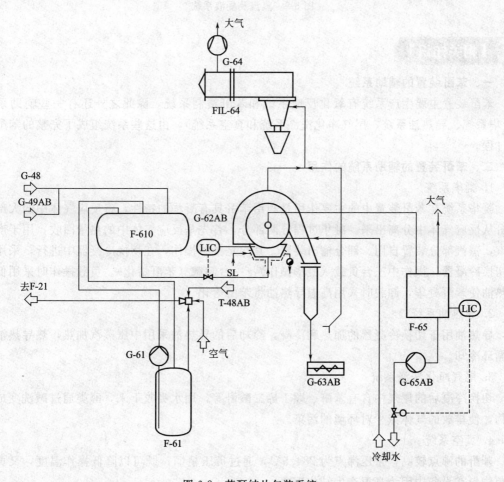

图 6-8 苯酐结片包装系统

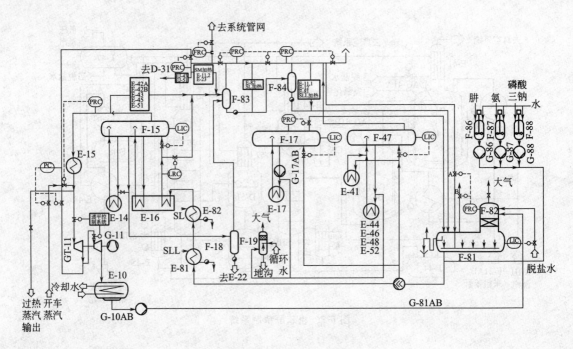

图 6-9　蒸汽及凝液系统

🔲【相关知识】

一、苯酐装置的辅助系统

苯酐装置主要生产系统有氧化反应系统和苯酐精制系统，除此之外还有一些辅助系统（凝华系统、导热油系统、尾气净化洗涤系统和真空系统），由这些系统组成了完整的苯酐生产过程。

二、苯酐装置的辅助系统的作用

1. 凝华系统

凝华系统在苯酐装置中的主要作用是利用苯酐具有凝华的特性，将反应气体中的大部分苯酐从反应气体中分离出来。凝华过程分两部分，首先是反应气体中的热量回收，用于产生蒸汽，蒸汽部分装置自用、部分输出装置。其次是凝华操作，在切换冷凝器中进行，采用四台切换冷凝器，操作中三台负载（凝华操作），一台卸载（苯酐熔化）。负载操作时采用低温导热油使苯酐凝华，卸载时采用高温导热油将苯酐熔化。

2. 导热油系统

导热油用于切换冷凝器的加热和冷凝，冷却后的导热油采用中压蒸汽加热，热导热油采用循环冷却。

3. 尾气净化洗涤系统

切换冷凝后的尾气中含有苯酐、顺丁烯二酸酐等，用水吸收下来，醛类通过碱洗变成络合物，使排放的气体减少对环境的污染。

4. 真空系统

苯酐的沸点较高，常压沸点为 284.5℃，通过负压精馏，既可以降低操作温度，又可以避免物料在设备中因为高温产生结焦现象。

【任务实施】

见表 6-1。

表 6-1　识读工艺流程图步骤

反应器 原料路线	邻二甲苯:邻二甲苯原料罐→邻二甲苯泵→过滤器→邻二甲苯预热器→混合器→氧化反应器
	空气:空气过滤器→鼓风机→空气预热器→混合器→氧化反应器
苯酐路线	苯酐:氧化反应器→气体冷却器→预冷凝器切换冷凝器→粗苯酐预处理器→脱轻组分塔→纯苯酐塔→纯苯酐结晶固化

任务四　苯酐装置仿真操作训练

【任务分析】

利用的苯酐装置仿真软件进行装置冷态开车、正常操作及事故处理操作的训练。

【任务实施】

见表 6-2。

表 6-2　苯酐装置仿真操作训练

序号	训练项目	操作内容
1	氧化反应单元	1. 作用:完成邻二甲苯和空气进料合成邻苯二甲酸酐 2. 开车操作:投公用工程,反应器升温,熔盐循环,投料反应 3. 正常操作:维持反应温度 4. 停车操作:停止向外界输出蒸汽,邻二甲苯进料
2	苯酐精制单元	1. 作用:粗苯酐通过预处理,进入脱轻组分塔,纯苯酐塔得到纯苯酐 2. 开车操作:开真空系统,脱轻组分塔、纯苯酐塔再沸器加热,脱轻组分塔、纯苯酐塔冷凝器通冷却水,脱轻组分塔进料,脱轻组分塔底出料进入纯苯酐塔,纯苯酐塔顶采出纯苯酐,进入苯酐结晶固化系统 3. 正常操作:维持精馏压力、温度、回流量等,保持精馏塔液位 4. 停车操作:停进料维持压力、温度,停塔顶出料,塔底出料彻底后,停加热,停真空

综　合　评　价

对情境六的综合评价见表 6-3 所示。

表 6-3　项目评价表

序号	评价项目	评价要点
1	绘制工艺流程框图	能反映出主要生产岗位
		能体现出主要物料走向
2	分析主要岗位生产任务	能指出苯酐生产主要岗位名称及岗位任务
		能分析主要岗位的操作要点及主要设备结构特征
3	识读生产工艺流程图	能描述苯酐生产装置的主要物料走向
		能识读苯酐装置整体工艺流程
4	装置实际操作训练	能指出苯酐装置主要岗位的开、停车操作训练任务
		能分析开、停车操作要点

任　务　拓　展

查阅资料了解碳四组分氧化生产顺丁烯二酸酐的工艺过程。

邻苯二甲酸二丁酯的生产

任务　实验室合成邻苯二甲酸二丁酯

邻苯二甲酸二丁酯是邻苯二甲酸酯类增塑剂中重要的品种之一，主要用于添加到合成材料中，增加合成材料的塑性、柔韧性或膨胀性等，应用的范围主要有塑料、涂料和黏合剂等。

【任务介绍】

某精细化工企业拟生产邻苯二甲酸酯类增塑剂，本工作需与学校联合开发在实验室研制邻苯二甲酸二丁酯合成方法，需要确定邻苯二甲酸二丁酯的合成路线、选择邻苯二甲酸二丁酯的合成原料、合成仪器设备，完成流程的确定、仪器安装等工作，学生参与本次工作，完成合成操作，得到合格的产品。

【任务分析】

根据邻苯二甲酸二丁酯的结构，选择并确定合成路线，选择正确的原料和合成仪器设备，确定合成实验的流程，完成仪器安装，合成出合格产品。

【相关知识】

一、邻苯二甲酸酯类产品展示

1. 常用合成材料助剂的种类

合成材料助剂的种类：稳定助剂：光稳定剂、热稳定剂、抗氧剂、防霉剂
改善加工性能助剂：润滑剂、脱模剂、软化剂、增塑剂等
功能助剂：橡胶硫化剂、发泡剂、抗静电剂、阻燃剂等

各种助剂的销售比例见表7-1。

表 7-1　各种助剂的销售比例

助剂种类	增塑剂	稳定剂	抗氧剂	阻燃剂	抗静电剂
销售比例/%	50.5	2.8	1.3	19.8	0.25

2. 邻苯二甲酸酯类增塑剂（表7-2）

二、邻苯二甲酸二丁酯合成知识准备

1. 酰化反应及其分类

（1）酰化反应

酰化是指在有机化合物分子中的碳、氮、氧、硫原子上引入酰基的反应过程。所谓酰基

是指从含氧的无机酸或有机酸分子中除去羟基后的部分，表 7-3 是常见的酸及相应的酰基。

表 7-2　部分增塑剂的缩写及相对分子质量

增塑剂名称	缩写	相对分子质量	增塑剂名称	缩写	相对分子质量
邻苯二甲酸二甲酯	DMP	194	癸二酸二己酯	DOS	426
邻苯二甲酸二乙酯	DEP	222	磷酸三甲苯酯	TCP	368
邻苯二甲酸二异丁酯	DIBP	278	磷酸三苯酯	TPP	326
邻苯二甲酸二丁酯	DBP	278	环氧化油	ESO	
邻苯二甲酸二辛酯	DOP	391	环氧脂肪酸辛酯	EOSt	
邻苯二甲酸二异辛酯	DIOP	391	环氧油酸丁酯	EBSt	
己二酸二己酯	DOA	370	己二酸丙二醇类聚酯	Paraplex G-25	
己二酸二异癸酯	DIDA	426	氯化石蜡（含氯 52%）		约 400
癸二酸二丁酯	DBS	314	氯化石蜡（含氯 42%）		约 530

表 7-3　常见的酸及相应的酰基

类别	酸	酰基	类别	酸	酰基
无机酸	硫酸 H_2SO_4 碳酸 H_2CO_3	硫酰基—SO_2H 砜基—SO_2— 羧基—COOH 碳基—CO—	有机酸	甲酸 HCOOH 乙酸 CH_3COOH 苯甲酸 C_6H_5COOH 苯磺酸 $C_6H_5SO_3H$	甲酰基—HCO 乙酰基—$COCH_3$ 苯甲酰基—COC_6H_5 苯磺酰基—$SO_2C_6H_5$

将酰基引入到有机物碳原子上制取芳酮和芳醛的反应称为 *C*-酰化；若将酰基引入到氮原子上制备酰胺类化合物的反应，则成为 *N*-酰化；将酰基引入到氧原子上制取酯类化合物的反应则是 *O*-酰化，也称酯化。

酰化所用的反应试剂称作酰化剂，常用的酰化剂有羧酸、酸酐、酰氯、羧酸酯和酰胺等。酰化反应的通式如下：

$$R-\overset{\overset{\displaystyle O}{\|}}{\underset{Z}{C}} + G-H \longrightarrow R-\overset{\overset{\displaystyle O}{\|}}{\underset{G}{C}} + HZ$$

式中，$R-\overset{\overset{\displaystyle O}{\|}}{\underset{Z}{C}}$ 为酰化剂，Z 可以是 X、OCOR、OH、OR′、NHR″等，G-H 为被酰化物，G 代表 R′O、R″NH、ArNH、Ar 等。

（2）酰化剂

酰基化反应试剂简称酰化剂，主要有以下种类。

① 羧酸。如甲酸、乙酸、草酸、2-羟基-3-萘甲酸等。

② 酸酐。如乙酸酐、丁二酸酐、顺丁烯二酸酐、邻苯二甲酸酐及其取代酸酐，重要的是二元羧酸酐。

③ 酰卤。主要是酰氯，如乙酰氯、苯甲酰氯、对甲基苯磺酰氯、碳酰氯（光气）、三氯化磷、三聚氯氰等。

④ 酰胺。如尿素、*N*,*N*′-二甲基甲酰胺等。

⑤ 羧酸酯。如氯乙酸乙酯、乙酰乙酸乙酯等。

⑥ 其他。如乙烯酮、双乙烯酮、二硫化碳等。

（3）酰化反应的催化剂

酰化反应的催化剂主要是增强酰基碳的亲电性，提高酰化剂的反应能力，路易斯酸和无机酸是常用的催化剂。路易斯酸的催化作用比无机酸的催化作用强。工业采用的路易斯酸一般以金属卤化物为主，活性次序为：

$$AlCl_3 > FeCl_3 > BF_3 > ZnCl_2 > SnCl_2 > TiCl_4 > HgCl_2 > CuCl_2$$

无机酸的催化活性次序为：

$$HF > H_2SO_4 > (P_2O_5)_2 > H_3PO_4$$

路易斯酸中，无水氯化铝活性高、应用技术成熟、价格低廉而最常用。采用无机酸作催化剂存在设备腐蚀和废酸回收等问题。

（4）酰化反应的溶剂

对于酰化原料或产物是黏稠液体或固体的酰化反应体系来说，为了保持体系良好的流动性，则需在溶剂存在下进行反应。溶剂的选择，需根据酰化反应体系的情况确定。可以选择过量被酰化物、过量酰化剂作为溶剂或外加溶剂，外加溶剂一般选择有机溶剂如硝基苯、二硫化碳、二氯乙烷、四氯乙烷、四氯化碳、石油醚或卤代烷等。

（5）酰化方法

酰化方法一般是按使用的酰化剂来分，分为酰氯酰化法、酸酐酰化法和其他酰化法等。

2. 酰化反应的应用

（1）C-酰化反应

C-酰化可以用来在芳环上引入酰基制取芳醛和芳酮，如：

（2）N-酰化反应

N-酰化是胺类化合物与酰化剂作用，在氨基的氮上引入酰基制备酰胺衍生物。如对乙酰基苯胺的合成：

（3）O-酰化反应

O-酰化通常是指醇类、酚类化合物与酰化剂作用时，羟基或酚羟基的氧原子上引入酰基生成酯类化合物的反应，又称为酯化反应。

酯类在精细化工产品中应用非常广泛，如低碳链的羧酸酯在涂料工业中是常用的溶剂；某些羧酸酯具有特殊的香味，可用作香料；相对分子质量较高的酯，特别是邻苯二甲酸酯则主要用作增塑剂；其他的用途还包括有树脂、合成润滑油、化妆品、表面活性剂、医药等。

邻苯二甲酸二丁酯可以看成是在正丁醇的氧原子上，通过苯酐引入酰基生成的产物，所以此反应应当属于O-酰化反应。由于产品为酯类，所以也称为酯化反应。

工业上常用羧酸作为酰化剂与醇在催化剂存在下进行酯化反应，也可根据需要采用酸酐、酰氯作为酰化剂。还可以选用酯交换等其他方法制得酯。

① 羧酸法。羧酸法又称为直接酯化法，是合成酯类的最重要方法。其中最简单的是一元羧酸与一元醇在酸催化下的酯化，这是一个可逆反应，反应通式如下：

$$RCOOH + R'OH \rightleftharpoons RCOOR' + H_2O$$

② 酸酐法。酸酐是比羧酸更强的酰化剂，适用于较难反应的酚类化合物及空间阻碍较

大的叔羟基衍生物的酯化。其反应式如下：

$$(RCO)_2O + R'OH \longrightarrow RCOOR' + RCOOH$$

在用酸酐进行酯化时常加入酸性或碱性催化剂加速反应。最常用的是硫酸、吡啶、无水醋酸钠等。酸性催化剂的作用比碱性催化剂强。现在工业上使用的催化剂仍然是浓硫酸。

在用二元酸酐对醇进行酯化时，反应分为两个阶段，第一步生成物为 1mol 酯及 1mol 酸，第二步则由 1mol 酸再与醇脱水生成双酯。第一步反应不生成水，是不可逆的，酯化反应可在温和的情况下进行。第二步反应是可逆反应，反应的条件较第一步苛刻，往往需加催化剂，并在较高的温度下进行，才能保证两个酰基均得到利用。

③ 酰氯法。酰氯的反应活性比酸酐更强，反应极易进行，可以用来制备某些羧酸或酸酐难以生成的酯。其反应式如下：

$$RCOCl + R'OH \longrightarrow RCOOR' + HCl$$

④ 酯交换法。酯交换法是将一种容易制得的酯与醇、酸或另一种酯反应以制取所需要的酯。当用直接酯化不易取得良好效果时，常常要用酯交换法。

a. 醇解法。醇解法一般是把酯分子中的烷氧基由另一高沸点醇的烷氧基所取代。反应通式如下：

$$RCOOR' + R''OH \Longleftrightarrow RCOOR'' + R'OH$$

醇解反应是可逆反应，一般常用过量的醇参加反应，或将反应中生成的低沸点的醇不断地蒸出，以提高酯交换反应的收率。反应活性是：伯醇＞仲醇＞叔醇。常用甲醇进行反应。

只要有微量的酸或碱存在，就能进行醇解。在酸性催化剂中，最常用的有硫酸及盐酸。在碱性催化剂中，醇钠是最常用的催化剂，如甲醇钠、乙醇钠。催化剂的选择主要取决于醇的性质。

b. 酸解法。酸解法是通过酯与羧酸的交换反应合成另一种酯。其反应通式如下：

$$\underset{\displaystyle O}{RCOR'} + \underset{\displaystyle O}{R''COH} \Longleftrightarrow \underset{\displaystyle O}{RCOH} + \underset{\displaystyle O}{R''COR'}$$

酸解反应是可逆反应，一般常使某一原料过量，或使生成物不断地蒸出，以提高反应的收率。各种有机羧酸的反应活性相差并不大。酯酸交换时一般采用酸催化。

c. 酯-酯互换。酯-酯互换就是在两种不同酯之间发生的互换反应，生成另外两种新的酯。其反应通式如下：

$$\underset{\displaystyle O}{RCOR'} + R''\!-\!\underset{\displaystyle O}{C}\!-\!OR''' \Longleftrightarrow R\!-\!\underset{\displaystyle O}{C}\!-\!OR''' + R''\!-\!\underset{\displaystyle O}{C}\!-\!OR'$$

由于反应处于可逆平衡中，必须不断将产物中的某一组分从反应区除去，使反应趋于完全。上述三种酯交换反应中，最常用的是醇解，其次是酸解。

三、邻苯二甲酸二丁酯合成原理

1. 邻苯二甲酸二丁酯的性质

分子式：$C_{16}H_{22}O_4$；

结构式：

$$\begin{array}{c} \overset{\displaystyle O}{} \\ C\!-\!OC_4H_9 \\ C\!-\!OC_4H_9 \\ \underset{\displaystyle O}{} \end{array}$$

相对分子质量：278。

状态：无色油状液体，可燃，有芳香气味。蒸气压 1.58kPa/200℃；闪点 172℃；熔点 −35℃；沸点 340℃；溶解性：水中溶解度 0.04%（25℃）。易溶于乙醇、乙醚、丙酮和苯。

2. 合成邻苯二甲酸二丁酯的原料

邻苯二甲酸二丁酯的工业合成可以采用邻苯二甲酸或邻苯二甲酸酐与正丁醇为原料进行合成，但由于以邻苯二甲酸为原料时，反应生成水，反应速率慢。而采用邻苯二甲酸酐为原料。则酸酐的反应能力强，反应中不生成水，如果制备单酯可不使用催化剂，但制备双酯时，需使用时催化剂，一般采用酸性催化剂。

（1）邻苯二甲酸酐

化学式：$C_8H_4O_3$；

结构式：

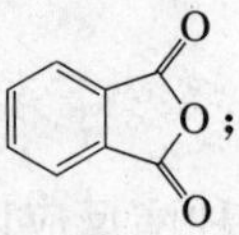

相对分子质量：148.12；

中文别名：苯酐；

性状：白色针状结晶，不溶于冷水、溶于热水、乙醇、乙醚、苯等多数有机溶剂，熔点 131.2℃，沸点 295℃，相对密度（水）1.53。主要用于制造增塑剂、树脂和涂料等。

（2）正丁醇

化学式：C_4H_9OH；

相对分子质量：74.12；

性状：一种无色、有酒气味的液体，沸点 117.7℃，稍溶于水，是多种涂料的溶剂和制增塑剂邻苯二甲酸二丁酯的原料，也用于制造丙烯酸丁酯、醋酸丁酯、乙二醇丁醚以及作为有机合成中间体和生物化学药的萃取剂，还用于制造表面活性剂。

3. 邻苯二甲酸二丁酯的合成原理

酸酐作为酯化反应的原料具有反应活性强的特点，在单酯生产中由于不生成水，为不可逆反应，所以可不采用催化剂。但在双酯合成中第一步容易进行，第二步需较高的温度，并使用催化剂，酸性催化剂为硫酸，非酸性催化剂可采用钛酸四烃酯、氢氧化铝复合物、氧化亚锡或草酸亚锡等。

反应历程如下：

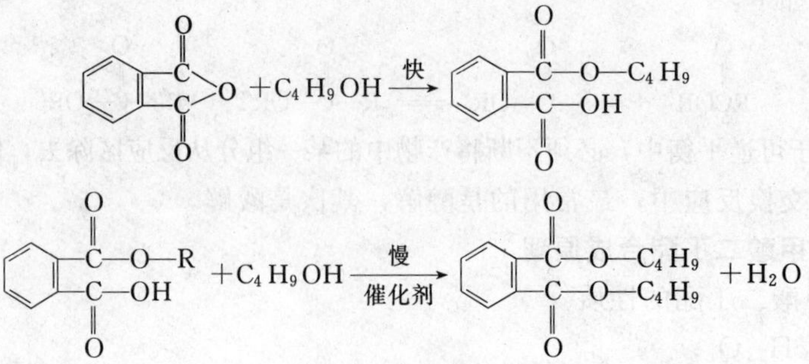

总反应方程式：

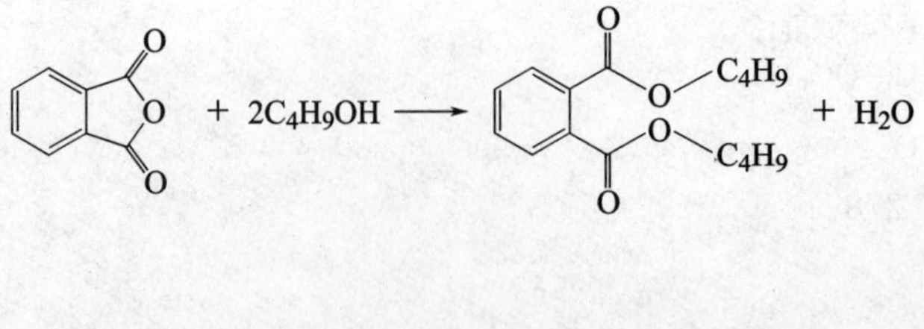

　　从底物和试剂引入上看，该反应属于酰化反应，即在底物上引入酰基，酰化反应在精细化学品的合成中经常用于合成一些特殊用途的精细化学品。

　　4.邻苯二甲酸二丁酯的生产工序

　　邻苯二甲酸二丁酯采用间歇法生产，图7-1所示为邻苯二甲酸二丁酯的生产流程框图。

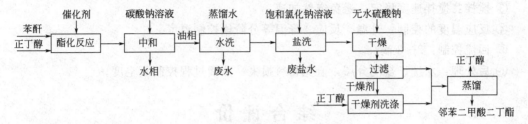

图 7-1　邻苯二甲酸二丁酯生产流程

【任务实施】

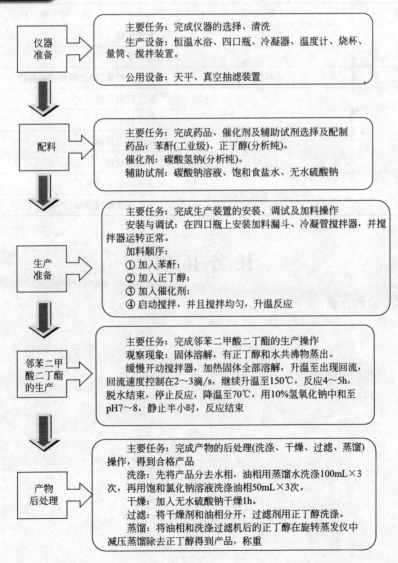

【归纳总结】

① 生产装置：安装要平稳，搅拌顺畅。

② 加料：按加入苯酐、正丁醇、催化剂的顺序完成。

③ 搅拌：搅拌速度稳定，避免突然加速。

④ 反应温度的控制：升温、反应、降温等分阶段控制温度。

⑤ 回流控制：2～3 滴/s。

⑥ 后处理：水洗、盐洗分层，避免物料损失，蒸馏过程控制真空度。

综 合 评 价

对于情境七的评价见表 7-4。

表 7-4　邻苯二甲酸二丁酯生产项目评价表

序　号	评 价 项 目	评 价 要 点
1	产品质量	无色透明
		无水
2	原料配比	原料量配比、催化剂量准确称量
3	生产过程控制能力	温度控制范围
		回流量的控制
		反应时间控制
		后处理过程
4	事故分析和处理能力	是否出现生产事故
		生产事故处理方法

任 务 拓 展

对乙酰氨基酚的合成。

农药 2,4-D 的合成

任务　实验室合成农药 2,4-D

农药的使用是农业增产的重要因素，是解决世界上 70 亿人口温饱问题的有力措施。2,4-D是最早使用的除草剂之一，它还可作为植物生长调节剂使用。2011 年我国全年 2,4-D 原药产量超过 4 万吨，总价值近十亿元。

【任务介绍】

葫芦岛市某农药企业拟开发 2,4-D 的合成新工艺；需设计 2,4-D 的新合成路线，并通过实验室合成验证合成工艺的可行性。要求实验人员能够掌握合成原理，准备实验仪器设备，并通过实验合成制备出合格的 2,4-D 产品，并具有较高的收率。

【任务分析】

了解农药的基本知识；了解 2,4-D 的性质及用途；根据合成路线，选择正确的原料和合成仪器设备，确定合成实验的流程，完成仪器安装，实验室合成出 2,4-D 产品。

【相关知识】

一、农药产品介绍

1. 农药及其作用

农药是指那些具有杀灭农作物病、虫、草害和鼠害以及其他有毒生物或能调节植物或昆虫生长，从而使农业生产达到增产、保产作用的化学物质。它们可来源于人工合成的化合物，也可来源于自然界的天然产物，它们可以是单一的一种物质，也可以是几种物质的混合物及其制剂。

农业是国民经济的基础，农药在农业现代化进程中具有十分重要的地位。进入 21 世纪，粮食短缺已成为世界性问题。农药对防治病、虫、草害，挽回它们所造成的损失，提高农作物产量，有着不可替代的作用。表 8-1 是世界粮食作物产量及病、虫、草害的损失量。如果没有农药，全世界的粮食将会因病虫害及杂草危害损失很大。

表 8-1　世界粮食作物产量及病、虫、草害的损失量　　　　　单位：Mt

作物	实产量	潜在产量	损失量			
			虫害	病害	草害	合计
麦	265.5	355.1	17.8	33.3	34.5	85.6
稻	232.0	438.8	12.7	39.4	46.7	200
玉米	218.5	339.5	44.0	32.7	44.3	121
其他谷物	245.1	338.1	21.0	29.9	41.9	93
马铃薯	270.8	400.0	23.8	88.9	16.5	129.2

　　研究开发农药的新品种、新工艺,对于防治作物病虫害和草害,提高作物产量和质量具有十分重要的作用。

2. 农药的分类

农药种类很多,分类方法各异,如图 8-1 所示。

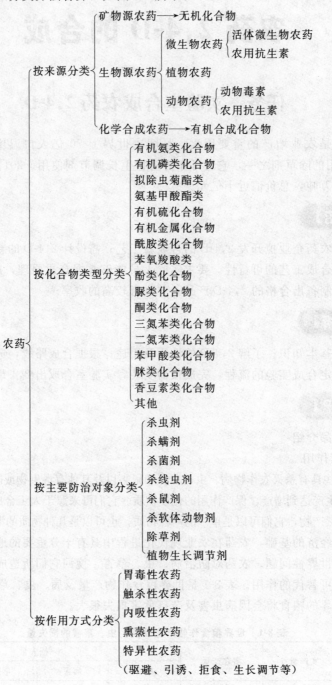

图 8-1　农药的分类

3. 农药的毒性

农药对有机体具有毒害作用,其毒害作用分为急性、慢性两种。急性中毒是药剂一次性进入体内后，在短时间内发生毒害作用的现象；慢性中毒则是药剂长期反复与有机体作用后，引起药剂在体内的累积，造成体内机能损害的累积而引起的中毒现象。半致死量（lethal dose-50，简写为 LD_{50}）是衡量其毒害作用的尺度，即指被试验的动物（大白鼠或小白鼠）一次口服、注射或皮肤涂抹后产生急性中毒，50%死亡所需药剂的量，LD_{50} 的单位是 mg/kg。LD_{50} 数值越小，表示药剂的毒性越大。

二、农药 2,4-D 的生产方法

1. 农药 2,4-D 概述

2,4-D（又称 2,4-滴，2,4-D 酸；2,4-二氯苯氧基乙酸；2,4-滴酸）是最早使用的除草剂之一，2,4-D 还可作为植物生长调节剂使用。2,4-D 于 1942 年由美国 Amchem 公司开发，1945 年后许多国家投入生产，应用广泛。2,4-D 是以钠盐、铵盐或酯的形式应用。在我国最广泛应用的是其丁酯。常见的 2,4-D 剂型为 80%可湿性粉剂，72%丁酯乳油，55%、50%铵盐水剂。2,4-D 随使用浓度和用量不同，对植物可产生多种不同的效应：在较低浓度下（0.5~1.0mg/L）是植物组织培养的培养基成分之一；在中等浓度下（1~25mg/L）可防止落花落果，能有效刺激生长，诱导无籽果实和果实保鲜等；更高浓度下（1000mg/L）作为除草剂可杀死多种阔叶杂草。因此在对作物施用时一定要注意所用的量。较高浓度，抑制生长，更高浓度可使植物畸形发育致死。作为芽后使用的除草剂，单子叶的禾本植物对其一定的耐受力，双子叶的阔叶植物对其非常敏感，利用这种选择性，可用于水稻、麦类禾本科作物田间防除阔叶杂草。

（1）产品性质

CAS：94-75-7，分子式 $C_8H_6Cl_2O_3$，相对分子质量 221.04，无臭，白色棱形晶体或粉末。熔点（m. p.）140.5℃，沸点 160℃（53kPa）。25℃水中溶解度 620mg/L，可溶于液碱、乙醇、丙酮、乙酸乙酯，溶于热苯，冷苯中溶解度较小，不溶于石油醚，不吸湿，有腐蚀性。钠盐熔点 215~216℃，室温下钠盐在水中溶解度为 4.5%。

（2）毒性

属中等毒类。急性毒性：LD_{50} 375mg/kg（小鼠经口）；666~1313mg/kg（大鼠经口）。

2. 2,4-D 的生产原理

2,4-D 的合成方法有多种。工业上生产 2,4-D 主要有两种方法：苯酚氯化缩合法，即苯酚在熔融状态下氯化，随后将得到的二氯酚与氯乙酸缩合，这一方法易产生剧毒物质，会对周围环境造成严重的安全问题，同时，对生产人员直接造成危害。而且二氯酚与氯乙酸缩合时产生的大量有毒废物会带来费用昂贵的三废治理问题。因此该法已被淘汰。苯酚与氯乙酸在碱性条件下缩合生成苯氧乙酸，再使用氯气氯化来生产，为避免直接使用氯气带来的危险和不便，可通过浓盐酸加过氧化氢和用次氯酸钠在酸性介质中的氯化来代替。此种方法可防止剧毒物质的产生，并克服前一方法的其他缺陷，三废处理量小，产品产率较高，因此具有较好的应用前景。

本任务采用第二种方法，以苯氧乙酸为原料，由 $HCl-H_2O_2$ 作为卤化剂，通过芳环上的取代卤化反应合成 2,4-D。反应方程式如下：

（1）

苯氧乙酸　　　　　　　　　　　　　4-氯苯氧乙酸

(2)

$$
\begin{array}{c}
\text{OCH}_2\text{COOH} \\
\end{array}
\;+2\text{NaOCl} \xrightarrow{\text{H}^+}
\begin{array}{c}
\text{OCH}_2\text{COOH} \\
\text{Cl} \\
\text{Cl}
\end{array}
$$

2,4-二氯苯氧乙酸（2,4-D）

3. 卤化反应

（1）卤化反应及其重要性

向有机化合物分子中引入卤素（X）生成 C—X 键的反应称为卤化反应。按卤原子的不同，可以分成氟化、氯化、溴化和碘化。卤化有机物通常有卤代烃、卤代芳烃、酰卤等。在这些卤化物中，由于氯的衍生物制备最经济，氯化剂来源广泛，所以氯化在工业上大量应用；溴化、碘化的应用较少；氟的自然资源较广，许多氟化物具有较突出的性能，近年来人们对含氟化合物的合成十分重视。

卤化是精细化学品合成中重要反应之一。通过卤化反应，可实现如下主要目的。

① 增加有机物分子极性，从而可以通过卤素的转换制备含有其他取代基的衍生物，如卤素置换成羟基、氨基、烷氧基等。其中溴化物中的溴原子比较活泼，较易为其他基团置换，常被应用于精细有机合成中的官能团转换。

② 通过卤化反应制备的许多有机卤化物本身就是重要的中间体，可以用来合成染料、农药、香料、医药等精细化学品。

③ 向某些精细化学品中引入一个或多个卤原子，还可以改进其性能。例如，含有三氟甲基的染料有很好的日晒牢度；铜酞菁分子中引入不同氯、溴原子，可制备不同黄光绿色调的颜料；向某些有机化合物分子中引入多个卤原子，可以增进有机物的阻燃性。

（2）卤化类型及卤化剂

卤化反应主要包括三种类型，即卤原子与不饱和烃的卤加成反应、卤原子与有机物氢原子之间的卤取代反应、卤原子与氢以外的其他原子或基团的卤置换反应。

卤化时常用的卤化剂有卤素单质、卤素的酸和氧化剂、次卤酸、金属和非金属的卤化物等，其中卤素应用最广，尤其是氯气。但对于 F_2，由于活性太高，一般不能直接用作氟化剂，只能采用间接的方法获得氟衍生物。

上述卤化剂中，用于取代和加成卤化的卤化剂有：卤素（Cl_2、Br_2、I_2）、氢卤酸和氧化剂（$HCl+H_2O_2$、$HCl+NaClO$、$HCl+NaClO_3$、$HBr+NaBrO$、$HBr+NaBrO_3$）及其他卤化剂（SO_2Cl_2、$SOCl_2$、$HOCl$、$COCl_2$、SCl_2、ICl）等，用于置换卤化的卤化剂有 HF、KF、NaF、SbF_3、HCl、PCl_3、HBr 等。

（3）取代卤化

取代卤化是合成有机卤化物最重要的途径，主要包括芳环上的取代卤化、芳环侧链及脂肪烃的取代卤化。取代卤化以取代氯化和取代溴化最为常见。

① 芳环上的取代卤化。

a. 反应历程。芳环上的取代卤化是在催化剂作用下，芳环上的氢原子被卤原子取代的过程。其反应通式为：

$$ ArH+X_2 \longrightarrow ArX+HX $$

其反应机理属于典型的亲电取代反应。进攻芳环的亲电质点是卤正离子（X^+）。反应时，X^+ 首先对芳环发生亲电进攻，生成 σ-络合物，然后脱去质子，得到环上取代卤化产物。例如，苯的氯化：

$$\text{苯} + Cl^+ \xrightarrow{\text{快}} \text{π-络合物} \xrightarrow{\text{慢}} \text{σ-络合物} \rightarrow \text{氯苯} + H^+$$

π-络合物　　　　　　σ-络合物

反应一般需使用催化剂，其作用是促使卤分子极化并转化成亲电质点卤正离子。常用的催化剂为路易斯酸，如 $FeCl_3$、$AlCl_3$、$ZnCl_2$、$SnCl_4$、$TiCl_4$ 等；工业上广泛采用 $FeCl_3$，其与 Cl_2 作用，使 Cl_2 离解成 Cl^+ 反应历程是：

$$Cl_2 + FeCl_3 \Longleftrightarrow \left[FeCl_3 \overset{\delta-}{-} Cl \overset{\delta+}{\cdots} Cl\right] \Longleftrightarrow FeCl_4^- + Cl^+$$

反应过程中，催化剂的需要量很少。以苯氯化为例，在苯中的 $FeCl_3$ 浓度达到 0.01%（质量分数）时，即可满足氯化反应的需要。

除了金属卤化物外，有时也采用硫酸或碘作催化剂，这些催化剂也能使 Cl_2 转化为 Cl^+。

b. 影响因素及反应条件的选择。芳环上取代基的电子效应和卤化的定位规律与一般芳环上的亲电取代反应相同，其主要因素有：被卤化芳烃的结构，反应温度，卤化剂和反应溶剂等。

第一，被卤化芳烃的结构。芳环上取代基可通过电子效应使芳环上的电子云密度的增大或减小，从而影响芳烃的卤化取代反应。芳环上具有给电子基团时，有利于形成 σ-络合物，卤化容易进行，主要形成邻对位异构体，但常出现多卤代现象；反之，芳环上有吸电子基团时，因其降低了芳环上电子云密度而使卤化反应较难进行，需要加入催化剂并在较高温度下反应。例如：苯酚与溴的反应，在无催化剂存在时便能迅速进行，并几乎定量地生成 2,4,6-三溴苯，而硝基苯的溴化，需加铁粉并加热至 135～140℃才发生反应。

第二，卤化剂。在芳烃的卤代反应中，必须注意选择合适的卤化剂，因为卤化剂往往会影响反应的速率、卤原子取代的位置、数目及异构体的比例等。

卤素是合成卤代芳烃最常用的卤化剂。其反应活性顺序为：$Cl_2 > BrCl > Br_2 > ICl > I_2$。

对于芳烃环上的氟化反应，直接用氟与芳烃作用制取氟代芳烃，因反应十分激烈，需在氩气或氮气稀释下于 -78℃进行，故无实用意义。

取代氯化时，常用的氯化剂有氯气、次氯酸钠、硫酰氯等。不同氯化剂在苯环上氯化时的活性顺序是：$Cl_2 > ClOH > ClNH_2 > ClNR_2 > ClO^-$。

常用的溴化剂有溴、溴化物、溴酸盐和次溴酸的碱金属盐等。溴化剂按照其活泼性的递减可排列成以下次序：$Br^+ > BrCl > Br_2 > BrOH$。芳环上的溴化可用金属溴化物作催化剂，如溴化镁、溴化锌，也可用碘。

分子碘是芳烃取代反应中活泼性最低的反应试剂，而且碘化反应是可逆的。为使反应进行完全，必须移除并回收反应中生成的碘化氢。碘化氢具有较强的还原性，可在反应中加入适当的氧化剂（如硝酸、过碘酸、过氧化氢等），使碘化氢氧化成碘继续反应；也可加入氨水、氢氧化钠和碳酸钠等碱性物质，以中和除去碘化氢；一些金属氧化物（如氧化汞、氧化镁等）能与碘化氢形成难溶于水的碘化物，也可以除去碘化氢。

第三，反应介质。如果被卤化物在反应温度下呈液态，则不需要介质而直接进行卤化，如苯、甲苯、硝基苯的卤化。若被卤化物在反应温度下为固态，则可根据反应物的性质和反应的难易，选择适当的溶剂。常用的有水、醋酸、盐酸、硫酸、氯仿及其他卤代烃类。

对于性质活泼，容易卤化的芳烃及其衍生物，可以水为反应介质，将被卤化物分散悬浮在水中；在盐酸或硫酸存在下进行卤化，例如对硝基苯胺的氯化。

对于较难卤化的物料，可以浓硫酸、发烟硫酸等为反应溶剂，有时还需加入适量的催化剂碘。如蒽醌在浓硫酸中氯化制取 1,4,5,8-四氯蒽醌。先将蒽醌溶于浓硫酸中，再加入 $0.5\%\sim4\%$ 的碘催化剂，在 $100℃$ 下通氯气，直到含氯量为 $36.5\%\sim37.5\%$ 为止。

当要求反应在较缓和的条件下进行，或是为了定位的需要，有时可选用适当的有机溶剂。如萘的氯化采用氯苯为溶剂，水杨酸的氯化采用乙酸作溶剂等。

选用溶剂时，还应考虑溶剂对反应速率、产物组成与结构、产率等的影响。

第四，反应温度。一般反应温度越高，反应速率越快。对于卤取代反应而言，反应温度还影响卤素取代的定位和数目。通常是反应温度高，卤取代数多，有时甚至会发生异构化。卤化温度的确定，要考虑到被卤化物的性质和卤化反应的难易程度，工业生产上还需考虑主产物的产率及装置的生产能力。

第五，原料纯度与杂质。原料纯度对芳环取代卤化反应有很大影响。例如，在苯的氯化反应中，原料苯中不能含有含硫杂质（如噻吩等）。因为它易与催化剂 $FeCl_3$ 作用生成不溶于苯的黑色沉淀并包在铁催化剂表面，使催化剂失效；另外，噻吩在反应中的生成的氯化物在氯化液的精馏过程中分解出氯化氢，对设备造成腐蚀。其次，在有机原料中也不能含有水，因为水能吸收反应生成的 HCl 成为盐酸，对设备造成腐蚀，还能萃取苯中的催化剂 $FeCl_3$，导致催化剂离开反应区，使氯化速率变慢，当苯中含水量达 0.02%（质量分数）时，反应便停止。此外，还不希望 Cl_2 中含 H_2，当 H_2 含量 $>4\%$（体积分数）时，会引起火灾甚至爆炸。

第六，反应深度。以氯化为例，反应深度即为氯化深度，它表示原料烃被氯化程度的大小。通常用烃的实际氯化增重与理论单氯化增重之比来表示；也可以用氯化烃的含氯量或反应转化率来表示。由于芳烃环上氯化是一个连串反应，因此要想在一氯化阶段少生成多氯化物，就必须严格控制氯化深度。工业上采用苯过量，控制苯氯比为 4:1（摩尔比），低转化率反应。

对于苯氯化反应，由于二氯苯、一氯苯，苯的比重依次递减，因此，反应液相对密度越低，说明苯的含量越高，反应转化率越低，氯化深度就越低，生产上采用控制反应器出口液的相对密度来控制氯化深度。

第七，混合作用。在苯的氯化中，如果搅拌不好或反应器选择不当，会造成传质不匀和物料的严重返混，从而对反应不利，并会使一氯代选择性下降。在连续化生产中，减少返混现象是所有连串反应，特别是当连串反应的两个反应速率常数 k_1 和 k_2 相差不大，而又希望得到较多的一取代衍生物时常遇到的问题。为了减轻和消除返混现象，可以采用塔式连续氯化器，苯和氯气都以足够的流速由塔的底部进入，物料便可保持柱塞流通过反应塔，生成的氯苯，即使相对密度较大也不会下降到反应区下部，从而可以有效克服返混现象，保证在塔的下部氯气和纯苯接触。

② 脂肪烃及芳烃侧链的取代卤化。脂肪烃和芳烃侧链的取代卤化是在光照、加热或引发剂存在下卤原子取代烷基上氢原子的过程。它是合成有机卤化物的重要途径，也是精细有机合成中的重要反应之一。

脂肪烃及芳烃侧链取代卤化的反应特点如下。

a. 反应是典型的自由基反应。其历程包括链引发、链增长和链终止三个阶段。反应一经引发，便迅速进行。

b. 反应具有连串反应特征。与芳烃环上的取代卤化一样，脂肪烃及芳烃侧链取代卤化反应也是一个连串反应。如烷烃氯化时，在生成一氯代烷的同时，氯自由基可与一氯代烷继续反应，生成二氯代烷，进而生成三氯、四氯及至多氯代烷。

c. 反应的热力学特征。发生取代卤化时，氟化是高度放热反应，氯化是较高放热反应，溴化是中等放热反应，而碘化则是吸热反应。

（4）其他卤化

① 加成卤化。加成卤化是卤素、卤化氢及其他卤化物与不饱和烃进行的加成反应。含有双键、三键和某些芳烃等有机物常采用卤加成的方法进行卤化。

例如：

$$(CH_3)_2C\!=\!\!CH_2 \xrightarrow{HCl} CH_3\underset{\displaystyle Cl}{\overset{\displaystyle CH_3}{\underset{|}{\overset{|}{C}}}}CH_3$$

$$\text{（环己烯-CH}_3\text{）} \xrightarrow[\text{CH}_3\text{NO}_2,\ 25℃]{HCl} \text{（环己烷-Cl,CH}_3\text{）}$$

$$CH_3CH\!=\!\!CH_2 + HBr \xrightarrow[\text{或引发剂}]{h\nu} CH_3CH_2CH_2Br$$

$$CH_2\!=\!\!CH\!-\!CH_2Cl + HBr \xrightarrow[\text{或引发剂}]{h\nu} BrCH_2CH_2CH_2Cl$$

$$ArCH\!=\!\!CHCH_3 + HBr \xrightarrow[\text{或引发剂}]{h\nu} ArCH_2CHBrCH_3$$

② 置换卤化。置换卤化是以卤基置换有机物分子中其他基团的反应。与直接取代卤化相比，置换卤化具有无异构产物、多卤化和产品纯度高的优点，在药物合成、染料及其他精细化学品的合成中应用较多。可被卤基置换的有羟基、硝基、磺酸基、重氮基。卤化物之间也可以互相置换，如氟可以置换其他卤基，这也是氟化的主要途径。

例如：

$$(CH_3)_3COH \xrightarrow[\text{室温}]{HCl\ 气体} (CH_3)_3CCl$$

$$n\text{-}C_4H_9OH \xrightarrow[\text{回流}]{NaBr/H_2O/H_2SO_4} n\text{-}C_4H_9Br$$

$$C_2H_5OH + HCl \underset{\text{加热}}{\overset{ZnCl_2}{\rightleftharpoons}} C_2H_5Cl + H_2O$$

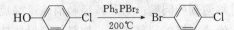

 【任务实施】

仪器
准备

> **主要任务：完成仪器准备**
> 合成仪器：磁力加热搅拌器、磁力搅拌子、250mL四口瓶、冷凝器、温度计、恒压滴液漏斗100mL、量筒10mL、量筒50mL、抽滤瓶500mL、布氏漏斗各1个；锥形瓶250mL、烧杯250mL各2个。仪器要保持清洁，干燥。
> 公用仪器：天平、循环水真空泵

试剂
准备

> **主要任务：完成试剂准备**
> 试剂：苯氧乙酸(自制)；浓盐酸，过氧化氢33%，三氯化铁(六水)，乙醇95%，次氯酸钠5%，冰醋酸，碳酸钠，乙醚，四氯化碳，上述试剂均为分析纯(AR)；碳酸钠配成10%水溶液

仪器安装
调试

> **主要任务：完成仪器安装调试**
> 安装与调试：磁力加热搅拌器上依次安装四口瓶、温度计、冷凝管、恒压滴液漏斗；四口瓶内加磁力搅拌子一枚；开动搅拌，磁力搅拌子搅拌正常

4-氯苯氧
乙酸的
合成

> **主要任务：完成4-氯苯氧乙酸的合成操作**
> 在250mL四口烧瓶中加入6.0g苯氧乙酸(0.04mol)和20.00mL冰醋酸，启动搅拌并用水浴加热，待浴温升至55℃时加入少许(0.04g)三氯化铁和20mL浓盐酸，搅拌后在10min内慢慢滴加6 mL的33%过氧化氢。滴完后维持此温度搅拌反应20min，升温至瓶内固体全部溶解，冷却结晶完全后抽滤，粗产品用水洗涤3次，用1:3的乙醇-水混合试剂将粗品重结晶。干燥后称重。纯对氯苯氧乙酸熔点为158～159℃

2,4-的合成

> **主要任务：完成2,4-D的合成实验操作，得到合格产品**
> 在250mL锥形瓶中加入2.0g干燥的4-氯苯氧乙酸和24mL冰醋酸。振荡溶解后在冰浴冷却和振荡下分批加入38mL的5%次氯酸钠溶液，加完后撤掉冰浴，待温度升至室温后放置5min，反应液颜色变深。向锥形瓶中加入100mL水，然后用6mol/L盐酸酸化至刚果红试纸变蓝。用乙醚萃取反应物2次。每次50mL。合并乙醚萃取液于分液漏斗中，先用30mL水洗涤。再用30mL的10%碳酸钠溶液萃取产物，将碱性萃取液转移至烧杯中。加入50mL水，再用盐酸酸化至刚果红试纸变蓝，抽滤。用冷水洗涤3次。粗品用四氯化碳重结晶。熔点140.5℃

【归纳总结】

① 仪器安装：仪器安装要端正，仪器试运行平稳，搅拌顺畅。

② 加料：按实验要求按顺序完成。

③ 搅拌：搅拌速度稳定，避免突然加速。

④ 反应温度的控制：反应要在指定温度下进行。

⑤ 安全：注意乙醚使用安全，避免麻醉，起火；四氯化碳有毒，防止吸入。

⑥ 后处理：水洗操作水用量及重结晶溶剂用量不宜过多，避免物料损失。

综 合 评 价

对于情境八的评价见表 8-2。

表 8-2　2,4-D 实验室合成项目评价表

序　号	评 价 项 目	评 价 要 点
1	产品质量	白色晶体
		熔点与理论值接近
2	原料配比	是否严格按操作规程规定试剂量投料
3	生产过程控制能力	温度控制范围
		加料控制
		反应时间控制
		后处理过程
4	事故分析和处理能力	是否出现意外事故
		生产事故处理方法

任 务 拓 展

叔丁基氯的合成。

偶氮染料活性黑 KN-B 的合成

任务　实验室合成活性黑 KN-B

染料主要应用于纺织品及皮革的染色。此外，还广泛应用于橡胶制品、塑料、油脂、油墨墨水、照相材料、印刷、造纸、食品、医药和信息材料工业等方面。活性黑 KN-B（C.I. 活性黑 5）因价廉、牢度高、固色率高和易洗涤等优点，在黑色色谱中占有很大的比重。

【任务介绍】

沈阳市某精细化工企业拟开发活性黑 KN-B 的合成新工艺；需设计活性黑 KN-B 的新合成路线，并通过实验室合成验证合成工艺的可行性。要求实验人员能够掌握合成原理，准备实验仪器设备，并通过实验合成制备出合格的活性黑 KN-B 产品，并具有较高的收率。

【任务分析】

了解染料的基本知识；了解活性黑 KN-B 的性质及用途；根据合成路线，选择正确的原料和合成仪器设备，确定合成实验的流程，完成仪器安装，实验室合成出活性黑 KN-B 产品。

【相关知识】

一、染料产品介绍

1. 染料及其作用

所谓染料，就是指采用适当的方法，能使纤维材料或其他物质染成具有鲜明而坚牢的颜色的有机化合物。染料可溶于水或溶剂，或可转变成溶液而染色，或者处理成分散状态而被应用。不溶于水及一般有机溶剂的有色物质，经适当处理后能涂在物体表面使之着色的称为颜料，颜料分有机、无机两类。

真正染料工业应从 1856 年英国化学家 Perkin 发现第一个合成染料——苯胺紫开始，发展至今已有 150 年的历史。从 20 世纪初开始，化学合成染料逐步得到发展，生产品种增多，产量剧增，逐渐取代了天然染料。早期全球染料的生产主要集中在德国、英国、美国和日本等发达国家，其中欧洲的四大公司即 lyystar 公司、Ciba 公司、Clariant 公司和 Yorkshire 公司的产品合计占据世界染料市场份额的一半以上。近十几年来，我国和印度等亚洲的发展中国家的染料生产快速发展，我国近三年染料产量以年均 20.78% 的速度增长，出口贸易也以年均 3.64% 的速度稳定发展。如今我国已成为世界染料工业第一生产大国，常年生产染料品种约 1000 多个。据有关部门统计资料，我国活性染料产量已超过 18 万吨，占我国染料总产量的 24%，并居全球首位。

然而，虽然我国的染料工业规模现在已经是世界第一，生产量也占世界总产量 60% 以上，但大多采用间歇生产，产品质量不稳定，污染大，因此急需不断改进工艺，降低污染和生产成本。

2. 染料的分类

一般染料可分为天然染料与合成染料，现在使用的主要为合成染料。合成染料通常用的分类方法有两种，一种是根据染料化学结构，即以共同的基本结构类型或共同的基团来分；另一种是根据染料品种对某些纤维的应用性能和应用方法的共性逐步总结和形成的染料的应用分类。这两种分类方法存在着许多联系，常常会结合在一起。

（1）按结构分类

染料按结构来分，主要有以下几类。

① 偶氮染料：含有偶氮基—N=N—的染料。

② 硝基和亚硝基染料：含有硝基或亚硝基的染料。

③ 芳甲烷染料：包括二芳基甲烷和三芳基甲烷结构类型的染料。

④ 蒽醌染料：含有蒽醌结构的衍生物染料。

⑤ 稠环酮类染料：含有稠环酮类结构或其衍生物的染料。

⑥ 靛族染料：含有靛蓝或类似结构的染料。

⑦ 硫化染料：用硫或多硫化钠的硫化作用制成的染料。

⑧ 酞菁染料：含有酞菁金属络合结构的染料。

⑨ 其他结构的染料：交联染料等。

（2）按应用分类

染料按应用来分，主要有以下几类。

① 酸性染料：其结构特征是分子中含磺酸基、羧基等酸性基团。

② 碱性染料：其结构特征是染料分子中含碱性基团，如氨基或取代的氨基。

③ 直接染料：分子中含酸性水溶性基团，主要用于纤维素纤维的染色，染料分子与纤维分子之间形成氢键结合。

④ 硫化染料：不溶于水，在硫化碱溶液中染色，主要应用于棉纤维的染色。

⑤ 中性染料：主要是金属络合结构的染料，在近于中性的染浴中染色。

⑥ 冰染染料：由重氮组分的重氮盐和偶合组分在纤维上反应形成不溶性偶氮染料，水洗牢度高。主要应用于棉布染色。

⑦ 还原染料：多是不溶于水的多环芳香族化合物，用还原剂在碱性溶液中还原成可溶隐色体而染色，染色后的纤维或织物经氧化使隐色体在纤维内部转变成不溶于水的染料；主要用于纤维素纤维的染色。

⑧ 活性染料：其基本结构特征是染料分子结构中带有反应性基团，染色时与纤维分子中的羟基或氨基发生化学结合；主要用于棉、麻、丝等纤维的印染，也能用于羊毛和合成纤维的染色。

⑨ 分散染料：分子中不含水溶性基团，染色时需依靠分散剂的作用使之均匀分散在染液中才能进行；主要应用于合成纤维中憎水性纤维的染色，如涤纶、锦纶、醋酸纤维等。

⑩ 阳离子染料：易溶于水成阳离子状态；它是聚丙烯腈（腈纶）的专用染料。

⑪ 其他还有如颜料、色淀，以及正在发展中的丙纶染料、荧光增白剂、混纺织物染料等。

二、偶氮染料活性黑 KN-B 的生产方法

1. 活性黑 KN-B 概述

活性黑 KN-B，也称反应黑 KN-B，反应黑 KN-8GB。具体性质和应用性能如下。

（1）产品性质

CAS 号：12225-25-1；别名：活性黑 KN-8GB；染料索引号 C. I. Reactive Black 5；分子式 $C_{26}H_{21}N_5Na_4O_{19}S_6$；相对分子质量 $M_w = 991.82$；外观为黑色粉末。在水中溶解度（20℃）为 100g/L。水溶液呈蓝光黑色，加 1mol/L 氢氧化钠颜色不变，继加保险粉并加热成黄褐色，再加过硼酸钠颜色不能恢复至原来色泽。于浓硫酸中呈蓝绿色，稀释后呈青灰色；于浓硝酸中呈棕色，稀释后呈浅棕色。

（2）用途

活性黑 KN-B 可用于棉、黏胶纤维及织物的染色，色泽乌黑。也可与活性紫、活性蓝等拼染深蓝色。用于棉、黏胶纤维织物的直接印花，对白地沾色较少。可与活性艳红 M-8B 拼深藏青色，各项坚牢度均好。还可用于锦纶的染色。

2. 活性黑 KN-B 的合成原理

对位酯与亚硝酸钠发生重氮化生成重氮盐，重氮盐与 H 酸经过酸性耦合和碱性耦合两步生成活性黑 KN-B。H 酸既有芳胺的性质，又有酚的性质。芳胺的耦合在酸性条件下进行，酚的耦合在碱性条件下进行。反应方程式如下：

（1）对位酯的重氮化

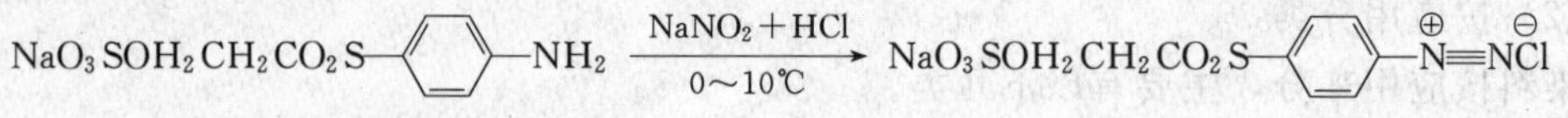

对位酯钠盐

（2）酸性偶合反应

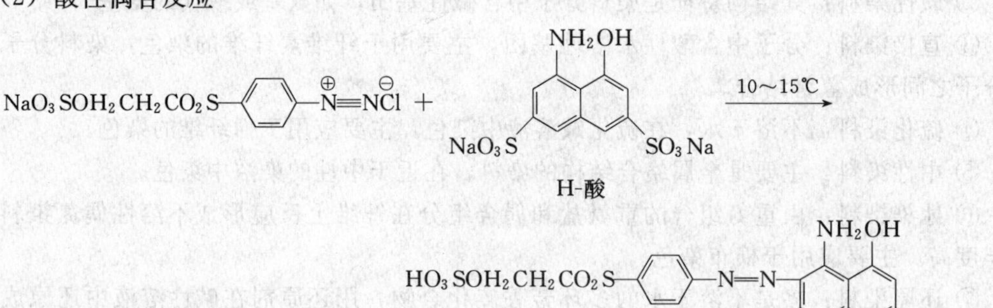

H-酸

（3）碱性偶合反应

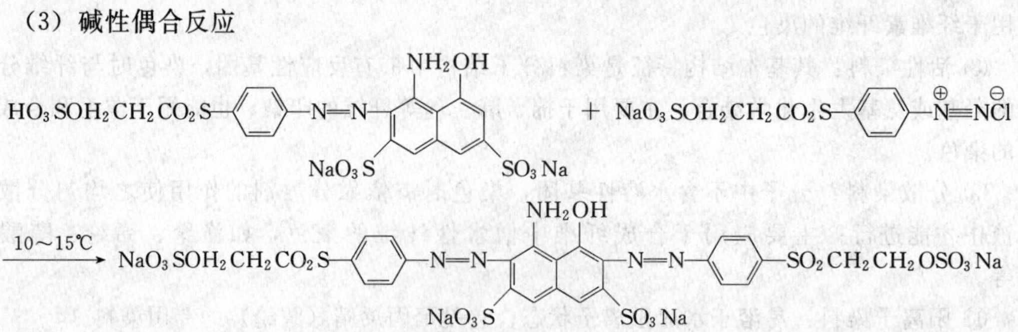

3. 重氮化和偶合反应

（1）重氮化反应及其特点

芳伯胺在无机酸存在下与亚硝酸作用，生成重氮盐的反应称为重氮化反应。工业上，常用亚硝酸钠作为亚硝酸的来源。反应通式为：

$$Ar-NH_2+NaNO_2+2HX \longrightarrow ArN_2^+X^-+2H_2O+NaX$$

式中，X 可以是 Cl、Br、NO_3、HSO_4 等。工业上常采用盐酸。

在重氮化过程中和反应终了，要始终保持反应介质对刚果红试纸呈强酸性，如果酸量不足，可能导致生成的重氮盐与没有起反应的芳胺生成重氮氨基化合物：

$$ArN_2X+ArNH_2 \longrightarrow ArN = NNH-Ar+HX$$

在重氮化反应过程中，亚硝酸要过量或加入亚硝酸钠溶液的速度要适当，不能太慢，否则，也会生成重氮氨基化合物。

重氮化反应是放热反应，必须及时移除反应热。一般在 0～10℃进行，温度过高，会使亚硝酸分解，同时加速重氮化合物的分解。

重氮化反应结束时，过量的亚硝酸通常加入尿素或氨基磺酸分解掉，或加入少量芳胺，使之与过量的亚硝酸作用。

（2）重氮盐的结构和性质

重氮盐的结构为：

$$[Ar-\overset{+}{N} \equiv N]Cl^-$$

重氮盐的结构决定了重氮盐的性质。重氮盐由重氮正离子和强酸负离子构成，具有类似铵盐的性质，一般可溶于水，呈中性，可全部离解成离子，不溶于有机溶剂。因此，重氮化后反应溶液是否澄清，常作为反应正常与否的标志。

干燥的重氮盐极不稳定，受热或摩擦、震动、撞击时会剧烈分解放氮而发生爆炸。因此，可能残留重氮盐的设备在停止使用时必须清洗干净，以免干燥后发生爆炸事故。重氮盐在低温水溶液中一般比较稳定，但仍具有很高的反应活性。因此工业生产中通常不必分离出重氮盐结晶，而用其水溶液进行下一步反应。

重氮盐可以发生的反应分为两类。一类是重氮基转化为偶氮基（偶合）或肼基（还原），非脱落氮原子的反应。另一类是重氮基被其他取代基所置换，同时脱落两个氮原子放出氮气的反应。

重氮盐性质活泼，本身使用价值并不高，但通过上述两类重氮盐的反应，可制得一系列重要的有机中间体。

（3）重氮化反应影响因素

① 无机酸的性质。芳伯胺重氮化的反应速率主要取决于重氮化活泼质点的种类和活性，无机酸的性质、浓度在此起决定作用。

② 无机酸的用量和浓度。无机酸的用量和浓度与参与反应的芳胺结构有关。理论上，酸的摩尔用量为芳伯胺的 2 倍，即 1mol 芳伯胺需 2mol 盐酸。实际上，对于碱性较强的芳伯胺，酸的摩尔用量为芳伯胺的 2.5 倍左右；对于碱性较弱的芳伯胺，其酸用量和浓度都应相对提高，其摩尔用量可达 3～4 倍或更高。

③ 亚硝酸钠。由于游离亚硝酸很不稳定，易发生分解，通常重氮化反应所需的新生态亚硝酸，是由亚硝酸钠与无机酸（盐酸或硫酸等）作用而得。

$$NaNO_2 + HCl \longrightarrow HNO_2 + NaCl$$
$$NaNO_2 + H_2SO_4 \longrightarrow HNO_2 + NaHSO_4$$

由此可见，亚硝酸钠是重氮化反应中常用的重氮化剂。通常配成30%的亚硝酸钠溶液使用，其用量比理论量稍过量。

亚硝酸钠的加料进度，取决于重氮化反应速率的快慢，主要目的是保证整个反应过程自始至终不缺少亚硝酸钠，以防止产生重氮氨基物的黄色沉淀。但亚硝酸钠加料太快，亚硝酸生成速率超过重氮化反应对其消耗速率，则使此部分亚硝酸分解损失。

$$3HNO_2 \longrightarrow NO_2 + 2NO + H_2O$$
$$2NO_2 + O_2 \longrightarrow 2NO_2$$
$$NO_2 + H_2O \longrightarrow HNO_3$$

这样不仅浪费原料，且产生有毒、有刺激性气体，还会使设备腐蚀。因此，必须对亚硝酸钠的用量和加料速度进行控制。

④ 芳胺碱性。芳伯胺的重氮化是靠活泼质点（NO^+）对芳伯胺氮原子孤对电子的进攻来完成的。显然，芳伯胺氮原子上的部分负电荷越高（芳伯胺的碱性越强），则重氮化反应速率就越快，反之则相反。

从芳伯胺的结构来看，当芳伯胺的芳环上连有供电子基团时，芳伯胺碱性增强，反应速率加快；当芳伯胺的芳环上连有吸电子基团时，芳伯胺碱性减弱，反应速率变慢。

⑤ 温度。重氮化反应速率随温度升高而加快，如在10℃时反应速率较之0℃时的反应速率增加3～4倍。但因重氮化反应是放热反应，生成的重氮盐对热不稳定，亚硝酸在较高温度下亦易分解，因此反应温度常在低温0～10℃进行，在该温度范围内，亚硝酸的溶解度较大，而且生成的重氮盐也不致分解。

为保持此适宜温度范围，通常在稀盐酸或稀硫酸介质中重氮化时，可采取直接加冰冷却法；在浓硫酸介质中重氮化时，则需要用冷冻氯化钙水溶液或冷冻盐水间接冷却。

一般说来，芳伯胺的碱性愈强，重氮化的适宜温度愈低，若生成的重氮盐较稳定，亦可在较高的温度下进行重氮化。

（4）重氮化操作方法

① 芳伯胺重氮化时应注意的共性问题。经重氮化反应制备的产物众多，其反应条件、操作方法也不尽相同，但在进行重氮化时，以下几个方面却是其共同具有的，应给予足够的重视。

a. 重氮化反应所用原料应纯净且不含异构体。若原料颜色过深或含树脂状物，说明原料中含较多氧化物或已部分分解，在使用前应先进行精制（如蒸馏、重结晶等）。

b. 重氮化反应的终点控制要准确。由于重氮化反应是定量进行的，亚硝酸钠用量不足或过量均严重影响产品质量。因此事先必须进行纯度分析，并精确计算用量，以确保终点的准确。

c. 重氮化反应的设备要有良好的传热措施。由于重氮化是放热反应，无论是间歇法还是连续法，强烈的搅拌都是必需的，以利于传质和传热，同时反应设备应有足够的传热面积和良好的移热措施，以确保重氮化反应安全进行。

d. 重氮化过程必须注意生产安全。重氮化合物对热和光都极不稳定，因此必须防止其受热和强光照射，并保持生产环境的潮湿。

② 重氮化操作方法。在重氮化反应中，由于副反应多，亚硝酸也具有氧化作用，而不

同的芳胺所形成盐的溶解度也各有不同。因此，根据这些性质以及制备该重氮盐的目的不同，重氮化反应的操作方法基本上可分为五种。

a. 直接法。本法适用于碱性较强的芳胺，即为含有给电子基团的芳胺，包括苯胺、甲苯胺、甲氧基苯胺、二甲苯胺、甲基萘胺、联苯胺和联甲氧苯胺等。这些胺类可与无机酸生成易溶于水，但难以水解的稳定铵盐。

其操作方法是：将计算量（或稍过量）的亚硝酸钠水溶液在冷却搅拌下，先快后慢地滴加到芳胺的稀酸水溶液中，进行重氮化，直到亚硝酸钠稍微过量为止。此法亦称正加法，应用最为普遍。

b. 连续操作法。本法也是适用于碱性较强芳伯胺的重氮化。工业上以重氮盐为合成中间体时多采用这一方法。由于反应过程的连续性，可较大地提高重氮化反应的温度以增加反应速率。

重氮化反应一般在低温下进行，目的是为避免生成的重氮盐发生分解和破坏。采用连续化操作时，可使生成的重氮盐立即进入下步反应系统中，而转变为较稳定的化合物。这种转化反应的速率常大于重氮盐的分解速率。连续操作可以利用反应产生的热量提高温度，加快反应速率，缩短反应时间，适合于大规模生产。

c. 倒加料法。本法适用于一些两性化合物，即含—SO_3H、—$COOH$ 等吸电子基团的芳伯胺，如对氨基苯磺酸和对氨基苯甲酸等。此类胺盐在酸液中生成两性离子的内盐沉淀，故不溶于酸中，因而很难重氮化。

其操作方法是：将这类化合物先与碱作用制成钠盐以增加溶解度，并溶于水中，再加入需要量的 $NaNO_2$，然后将此混合液加入到预先经冷却的稀酸中进行重氮化。

此法还适用于一些易于偶合的芳伯胺重氮化，使重氮盐处于过量酸中而难于偶合。

d. 浓酸法。本法适用于碱性很弱的芳伯胺，如二硝基苯胺、杂环 α-位胺等。因其碱性弱，在稀酸中几乎完全以游离胺存在，不溶于稀酸，反应难以进行。为此常在浓硫酸中进行重氮化。该重氮化方法是借助于最强的重氮化活泼质点（NO^+），才使电子云密度显著降低的芳伯胺氮原子能够进行反应。

其操作方法是：将该类芳伯胺溶解在浓硫酸中，加入亚硝酸钠液或亚硝酸钠固体，在浓硫酸中的溶液中进行重氮化。

e. 亚硝酸酯法。本法是将芳伯胺盐溶于醇、冰醋酸或其他有机溶剂（如 DMF、丙酮等）中，用亚硝酸酯进行重氮化。常用的亚硝酸酯有亚硝酸戊酯、亚硝酸丁酯等。此法制成的重氮盐，可在反应结束后加入大量乙醚，使其从有机溶剂中析出，再用水溶解，可得到纯度很高的重氮盐。

（5）偶合反应

① 偶合反应及其特点。重氮盐与酚类、芳胺作用生成偶氮化合物的反应称为偶合反应。它是制备偶氮染料必不可少的反应，制备有机中间体时也常用到偶合反应。

$$ArN_2^+ \ X^- + Ar'—OH \longrightarrow Ar—N=N—Ar'—OH$$

$$ArN_2^+ \ X^- + Ar'—NH_2 \longrightarrow Ar—N=N—Ar'—NH_2$$

参与偶合反应的重氮盐称为重氮组分；酚类和胺类称为偶合组分。

常用的偶合组分有酚类，如苯酚、萘酚及其衍生物；芳胺如苯胺、萘胺及其衍生物。其他还有各种氨基萘酚磺酸和含活泼亚甲基化合物，如丙二酸及其酯类，吡唑啉酮等。

偶合反应的机理为亲电取代反应。重氮盐作为亲电试剂，对芳环进行取代。由于重氮盐的亲电能力较弱，它只能与芳环上电子云密度较大的化合物进行偶合。

②偶合反应影响因素。偶合反应的难易程度取决于反应物的结构和反应条件。

a. 重氮盐的结构。偶合反应为亲电取代反应，在重氮盐分子中，芳环上连有吸电子基时，能增加重氮盐的亲电性，使反应活性增大；反之芳环上连有供电子基时，减弱了重氮盐的亲电性，使反应活性降低。

b. 偶合组分的结构。偶合组分主要是酚类和芳伯胺类。若芳环上连有吸电子基时，反应不易进行；相反若连有供电子基时，可增加芳环上的电子云密度，使偶合反应容易进行。重氮盐的偶合位置主要在酚羟基或氨基的对位。若对位已被占据，则反应发生在邻位。对于多羟基或多氨基化合物，可进行多偶合取代反应。分子中兼有酚羟基及氨基者，可根据pH值的不同，进行选择性偶合。

c. 介质酸碱度（pH值）。重氮盐与酚类或芳伯胺的偶合对pH值的要求不同。与酚类的偶合宜在偏碱性介质中进行（pH为8～10），pH值增加，偶合速率加快，pH增至9左右时，偶合速率最大。这是因为在碱性介质中有利于偶合组分的活泼形态酚氧负离子的生成，但当pH>10时，偶合停止。这显然因为重氮盐在碱性介质中转变为重氮酸钠而失去偶合能力。重氮盐与芳伯胺偶合时，应在弱酸性或中性介质中进行，一般pH为5～7。这是因为重氮盐在酸性条件下较稳定，而芳伯胺是以游离胺形式参与偶合。在弱酸性或中性介质中，游离胺浓度大，同时重氮盐也不致分解，故有利于偶合反应。

d. 温度。由于重氮盐极易分解，故在偶合反应同时必然伴有重氮盐分解的副反应。若提高温度，会使重氮盐的分解速率大于偶合反应速率。因此偶合反应通常在较低温度下（0～15℃）进行。

⚙ 【任务实施】

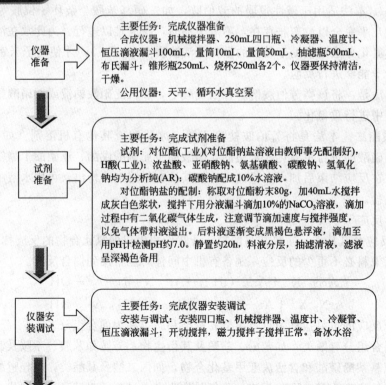

仪器准备 ➡ 主要任务：完成仪器准备
合成仪器：机械搅拌器、250mL四口瓶、冷凝器、温度计、恒压滴液漏斗100mL、量筒10mL、量筒50mL、抽滤瓶500mL、布氏漏斗；锥形瓶250mL、烧杯250ml各2个。仪器要保持清洁，干燥。
公用仪器：天平、循环水真空泵

试剂准备 ➡ 主要任务：完成试剂准备
试剂：对位酯(工业)(对位酯钠盐溶液由教师事先配制好)，H酸(工业)；浓硫酸、亚硝酸钠、氨基磺酸、碳酸钠、氢氧化钠均为分析纯(AR)；碳酸钠配成10%水溶液。
对位酯钠盐的配制：称取对位酯粉末约80g，加40mL水搅拌成灰白色浆状，搅拌下用分液漏斗滴加10%的NaCO₃溶液，滴加过程中有二氧化碳气体生成，注意调节滴加速度与搅拌强度，以免气体带料液溢出。后料液逐渐变成黑褐色悬浮液，滴加至用pH计检测pH约7.0。静置约20h，料液分层，抽滤清液，滤液呈深褐色备用

仪器安装调试 ➡ 主要任务：完成仪器安装调试
安装与调试：安装四口瓶、机械搅拌器、温度计、冷凝管、恒压滴液漏斗；开动搅拌，磁力搅拌子搅拌正常。备冰水浴

主要任务：完成对位酯重氮化反应

　　称取对位酯粉末14.1g(0.05mol)，加10mL水搅拌成灰白色浆状，搅拌下用分液漏斗滴加10%的NaCO₃溶液，滴加过程中有二氧化碳气体生成，注意调节滴加速度与搅拌强度，以免气体带料液溢出。后料液逐渐变成黑褐色悬浮液，滴加至pH约7.0。静置10min，料液分层，抽滤清液，滤液呈深褐色。向对位酯溶液中加3.8g(0.055mol)亚硝酸钠，搅拌溶解，溶液倒入恒压滴液漏斗中备用。向三口瓶中加入20mL水，15g浓盐酸，降温至5℃。后用恒压滴液漏斗滴加上述对位酯与亚硝酸钠混合液。滴加完毕，半小时后加完，控制温度5℃，再反应半小时。以与氨基试剂渗圈试验无黄色交线为反应终点

主要任务：完成酸性偶合反应

　　称取H酸7.89g(0.025mol)于反应瓶中，加入10mL水，搅拌成灰白色浆状，搅拌下用分液漏斗滴加10%的Na₂CO₃溶液，滴加过程中有二氧化碳气体生成，注意调节滴加速度与搅拌强度，以免气体带料液溢出。后料液逐渐变成黑褐色悬浮液，滴加至pH6.0～7.0。在半小时内将H酸溶液加入重氮液中，搅拌反应半小时，控制温度10～15℃，pH3.0～4.0，偶合液初期为紫红色，中后期则有蓝色组分

主要任务：完成碱性偶合反应

　　向上述偶合液中均匀地加入约70g10%的NaCO₃溶液，进行第二次偶合(羟基邻位)，15min加完，温度15～20℃，纯碱加完后，pH应在7～8，再继续搅拌1小时，染液为蓝黑色溶液

主要任务：完成染料的提纯

取上述偶产物100g，加40g乙酸钾，盐析，过滤，80℃下干燥得黑色粉末

【归纳总结】

① 仪器安装：仪器安装要端正，仪器试运行平稳，搅拌顺畅。

② 加料：按实验要求按顺序完成。

③ 搅拌：搅拌速度稳定，避免突然加速。

④ 反应温度的控制：反应要在指定温度下进行，严禁超温。

⑤ 安全：注意试剂不要沾到手上，难以清洗；反应体系中有少量氮的氧化物释放，防止吸入。

⑥ 后处理：水洗操作水用量及重结晶溶剂用量不宜过多，避免物料损失。

综 合 评 价

对于情境九的评价见表9-1。

表 9-1 活性黑 KN-B 实验室合成项目评价表

序 号	评 价 项 目	评 价 要 点
1	产品质量	黑色粉末
		熔点与理论值接近
2	原料配比	是否严格按操作规程规定试剂量投料
3	生产过程控制能力	温度控制范围
		加料控制
		反应时间控制
		后处理过程
4	事故分析和处理能力	是否出现意外事故
		生产事故处理方法

任 务 拓 展

弱酸性艳红 10B 的合成。

参 考 文 献

[1] 田铁牛. 有机合成单元过程. 北京：化学工业出版社，2005.

[2] 丁志平. 精细化工概论. 北京：化学工业出版社，2005.

[3] 刘德铮. 精细化工生产工艺学. 北京：化学工业出版社，2000.

[4] 刘振河. 化工生产技术. 北京：高等教育出版社，2007.

[5] 田铁牛. 有机合成单元过程. 第2版. 北京：化学工业出版社，2010.

[6] 李吉海. 基础化学实验（Ⅱ）——有机化学实验. 第二版. 北京：化学工业出版社，2007.

[7] 黄文轩. 润滑剂添加剂应用指南. 北京：中国石化出版社，2004.

[8] 薛叙明. 精细有机合成技术. 第2版. 北京：化学工业出版社，2009.